中等职业教育电子类专业系列教材

U0677133

电子技术基础与技能辅导与练习（第三版）

DIANZI JISHU JICHU YU JINENG
FUDAO YU LIANXI

主　编　杨清德　赵顺洪　彭明道

副主编　吴　雄　黄昌伟　杨　鸿

编　者　向　娟　方承余　蒲　业　蔡贤东　吴　围　吴春燕
　　　　张　燕　李　玲　韦采风　代云香

重庆大学出版社

内容提要

本书是中等职业教育电子类专业核心课程《电子技术基础与技能》的配套教学用书,结合近几年职教高考考试大纲的要求编写而成。本书从学习目标、知识要点、解题示例、课堂练习题、自我检测题和模拟考试题6个方面给学生提供学习辅导与点拨。

本书可供中等职业教育电子技术类、电气技术类专业的一、二年级学生使用,也可作为高三年级学生参加高考升学考试复习用书,还可作为电子类专业人员参加职业技能鉴定考试的教学辅导用书。

图书在版编目(CIP)数据

电子技术基础与技能辅导与练习/杨清德,赵顺洪,
彭明道主编. --2 版. --重庆:重庆大学出版社,
2023.8(2024.4 重印)
中等职业教育电子类专业系列教材
ISBN 978-7-5624-8714-2

Ⅰ.①电… Ⅱ.①杨… ②赵… ③彭… Ⅲ.①电子技
术—中等专业学校—教学参考资料 Ⅳ.①TN

中国版本图书馆 CIP 数据核字(2022)第 133824 号

中等职业教育电子类专业系列教材
电子技术基础与技能辅导与练习
(第二版)

主 编 杨清德 赵顺洪 彭明道
副主编 吴 雄 黄昌伟 杨 鸿
责任编辑:陈一柳 版式设计:黄俊棚
责任校对:王 倩 责任印制:赵 晟

*

重庆大学出版社出版发行
出版人:陈晓阳
社址:重庆市沙坪坝区大学城西路 21 号
邮编:401331
电话:(023) 88617190 88617185(中小学)
传真:(023) 88617186 88617166
网址:http://www.cqup.com.cn
邮箱:fxk@ cqup.com.cn (营销中心)
全国新华书店经销
重庆新荟雅科技有限公司印刷

*

开本:787mm×1092mm 1/16 印张:11.75 字数:280 千
2014 年 12 月第 1 版 2023 年 8 月第 2 版 2024 年 4 月第 10 次印刷
印数:29 001—34 000
ISBN 978-7-5624-8714-2 定价:32.00 元

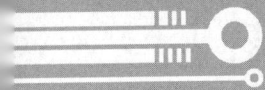

再版前言

中等职业教育是职业教育的起点而不是终点，已从单纯"以就业为导向"转变为"就业与升学并重"的多元化发展。抓好符合职业教育特点的升学教育，在保障学生技术技能培养质量的基础上，加强文化基础教育，打开中职学生的成长空间，让更多中职学生走进高校殿堂，在学习的道路上越走越远、越走越稳。职教高考的重要性不言而喻，学生们都要重视这一次考试。高考之前的每一次努力，在高考之后就有改变命运的更多可能性。

第一版的《电工技术基础与技能辅导与练习》《电子技术基础与技能辅导与练习》《电子测量技术与仪器辅导与练习》已陪同学们走过了7年时光，也见证了职业教育日新月异的发展历程。为适应职教高考新常态的要求，对原书内容进行全面修订后的第二版教材具有以下特点：

1.内容同步教材考纲。对教材内容和考试大纲的动向做了前瞻性预测，内容深度、广度做了适度拓展，确保使用效果长效性。本教材既适合学生第一次学习时作为课堂练习使用，又适合学生高考复习时使用。

2.例题典型解析全面。通过典型例题帮助学生提高解题能力，不但阐述了解题的过程，突出了解题的思路、方法和技巧，并对学生易出错处加以点评，很适合学生自学的需要。

3.习题组合量大面广。选择了大量适合中职生的练习题，难易适度，供学生练习、巩固和提高。强调习题的基础性和针对性，还适当选择了一些具有相当难度的高考原题，进一步提高学生的解题能力。所有习题均附有答案，有需要的读者请在重庆大学出版社网站下载(http://www.cqup.com.cn/index.php)。

本书是《电子技术基础与技能辅导与练习(第二版)》，由杨清德、赵顺洪、彭明道担任主编，吴雄、黄昌伟、杨鸿担任副主编，参加本次修订工作的还有向娟、方承余、蒲业、蔡贤东、吴围、吴春燕、张燕、李玲、韦采风、代云香等老师。

本书题材选取围绕课程的重点、难点和考点，翔实、系统且全面，适合于电子与信息技术专业、电气技术专业学生使用。

本书在编写过程中，得到重庆市教育科学研究院职业教育与成人教育研究所、重庆大学出版社、重庆市中等职业教育加工制造电子专业大类中心教研组以及各参编教师所在学校等单位领导的大力支持,在此一并表示感谢!

由于编者水平有限,书中难免存在不当之处,恳请读者批评指正,意见请发杨清德邮箱 370169719@qq.com,以便进一步改进。

编　者

2022 年 2 月

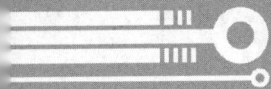

Contents 目录

第一章 晶体二极管及其应用

学习目标

(1) 了解 P 型半导体、N 型半导体和 PN 结的形成；

(2) 掌握半导体二极管的单向导电性和主要参数；

(3) 掌握半导体二极管的死区电压和导通电压；

(4) 理解半导体二极管的伏安特性曲线；

(5) 掌握单相半波整流、桥式整流、电容滤波、电感滤波的电路结构和输出电压计算方法；

(6) 理解单相半波整流、桥式整流、电容滤波、电感滤波的工作原理；

(7) 理解稳压二极管电路的工作原理；

(8) 会使用万用表检测二极管的极性和好坏；

(9) 能够安装整流滤波电路并检测相关参数。

知识要点

一、晶体二极管的结构、特性和主要参数

①半导体的导电能力介于导体和绝缘体之间。半导体具备热敏、光敏和掺杂 3 大特性，常用半导体材料是硅和锗。

②P 型半导体是在纯净的半导体中掺入微量的三价元素硼而形成，主要靠空穴导电；N 型半导体是在纯净的半导体中掺入微量的五价元素磷而形成，主要靠电子导电。

在一块半导体晶片的两边分别加工形成 P 型半导体和 N 型半导体，则在其交界面处将形成一个特殊的区域，这就是 PN 结。

当 PN 结的 P 区接电源正极，N 区接电源负极时，称为 PN 结正向偏置，此时 PN 结导通；当 PN 结的 P 区接电源负极，N 区接电源正极时，称为 PN 结反向偏置，此时 PN 结截止。这就是 PN 结的单向导电性。

③二极管的核心是一个 PN 结，其主要特性是单向导电性。二极管的伏安特性可以详细地描绘二极管的导电特性，二极管正偏时的特性称为正向特性，可分为死区和正向导通区；二极管反偏时的特性称为反向特性，可分为反向截止区和反向击穿。图 1-1 为二

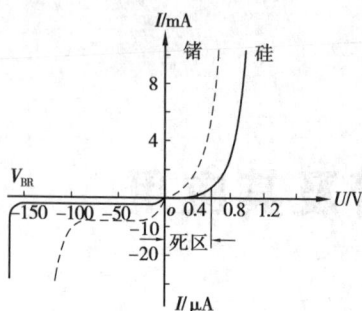

图 1-1

极管的伏安特性曲线。

④二极管主要参数是最大整流电流和最高反向工作电压。这两个参数是极限参数,在选用时,实际值一定不能超过二极管的标称值;否则,二极管容易被损坏。

二、特殊二极管

①稳压二极管主要用在小功率电路中稳定电压,工作在反向击穿区。

②发光二极管将电信号转为光信号,小功率发光极管主要用于指示,大功率发光二极管主要用于照明,工作在正向导通区。

③光电二极管用于将光信号转变为电信号输出,正常工作时处于反向工作状态,没有光照射时反向电流很小,有光照射时就形成较大的光电流。

三、万用表检测二极管

①普通二极管的正负极可以用指针万用表的电阻挡 R×1 k 或 R×100 进行判断,正常的二极管两次测量的阻值应该是一次无穷大,一次约为几千或几百欧。以阻值较小一次为准,黑表笔接的是二极管的正极,红表笔接的是二极管的负极。

②检测光电二极管的极性时,首先需要用黑纸或黑布遮住光敏二极管的光信号接收窗口,然后按照检测普通二极管的步骤进行。

③用数字万用表的二极管挡检测二极管,此时数字万用表显示的是二极管的导通电压降。

四、二极管整流滤波电路

①将交流变为脉动直流的过程称为整流,即将交流电正负半周的电流调整改变到一个方向。利用二极管的单向导电性可以构成整流电路,其中最基本的是半波整流电路,应用最广泛是桥式整流电路。常用整流电路特性比较见表 1-1。

表 1-1　常用整流电路特性比较

比较项目 电路名称	单相半波整流电路	单相桥式整流电路
电路结构		

续表

比较项目 电路名称	单相半波整流电路	单相桥式整流电路
整流输出波形		
输出电压 U_o	$0.45U_2$	$0.9U_2$
输出电流 I_o	$0.45U_2/R_L$	$0.9U_2/R_L$
整流二极管 参数选择	$I_{OM} \geqslant I_o$ $U_{RM} \geqslant 1.414U_2$	$I_{OM} \geqslant 0.5I_o$ $U_{RM} \geqslant 1.414U_2$
优缺点	电路简单,输出电压波动大,整流效率低	电路复杂,输出电压波动小,整流效率高
适用范围	输出电流不大,对直流稳定度要求不高的场合	输出电流大,对直流稳定度要求高的场合

②整流桥堆是由二极管构成的,其外形有多种,使用时要注意区分其引脚功能。

③滤波的结果是将单向脉动电流变成平滑的电流。它主要是利用储能元件,在二极管导通时储能,在二极管截止通时释放能量,以保证负载得到的电流平滑。

常见的滤波电路有电容滤波、电感滤波、复式滤波电路。电容滤波是在负载两端并联一只大容量的电解电容,主要应用于负载较轻且负载变化较小的场合。电感滤波是在负载回路中串入一只大电感,主要应用于负载较重且负载变化较大的场合。要想取得更好的滤波效果,则应选复式滤波电路。常用滤波电路特性比较见表1-2。

表 1-2　常用滤波电路特性比较

比较项目 滤波电路		电容滤波	电感滤波	RCπ 滤波	LCπ 滤波
电路结构					
负载 电压	半波	较高　$U_o=U_2$	低　$U_o=0.45U_2$	较高　$U_o=U_2$	较高　$U_o=U_2$
	桥式	高　$U_o=1.2U_2$	较高　$U_o=0.9U_2$	高　$U_o=1.2U_2$	高　$U_o=1.2U_2$
输出电流		较小	大	小	大
负载能力		差	好	差	较好
滤波效果		较好	较差	较好	较好
对整流管的冲击		大	小	大	较大

续表

比较项目 滤波电路	电容滤波	电感滤波	RCπ 滤波	LCπ 滤波
主要特点	①输出电压波形平滑 ②输出电压值提高 ③通电瞬间对整流管冲击大,负载能力差	输出电压波形比较平滑。输出直流电流大,负载能力好,通电瞬间对整流管无冲击	①负载电流小时,滤波效果好,有降压限流作用 ②直流电压损耗大,负载能力差	①负载能力强,负载电流大时,滤波效果好 ②电感体积较大,但直流电压损耗小
适用范围	负载较轻,对直流稳定度要求不高的场合	负载较重,对直流稳定度要求不高的场合	负载较轻,对直流稳定度要求较高的场合	负载较重,对直流稳定度要求较高的场合

④单相整流电路主要用于负载功率较小的场合,工业上用的大功率直流电主要由三相整流电路来提供。用 3 只整流二极管可以构成三相半波整流电路,用 6 只整流二极管可以构成三相桥式整流电路。

解题示例

例 1-1 试指出图 1-2 中二极管的工作状态,并计算出输出电压 U_{ab}。设二极管为理想的二极管。

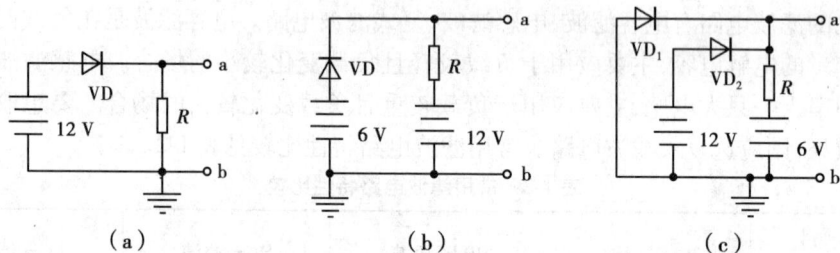

图 1-2

【分析】 判断二极管在电路中的状态,有两种方法:①先假设二极管断开,然后计算二极管正负极的电位,若正极电位高于负极(且大于死区电压),则该二极管正偏导通,反之截止。若电路中有多个二极管且都承受正偏电压,则看哪一个二极管的正偏电压更高,正偏电压较大的二极管优先导通。②假设二极管导通,则沿着二极管导通后的电流方向列出回路电压方程,计算出电路中的电流。若计算出的电流为正,则说明二极管导通;若计算出的电流为负,则说明二极管截止。

解:①在图 1-2(a)中,b 点电位为 0 V,将 VD 断开,则 VD 的正极电位为 12 V,负极电位为 $IR=0$(因为 $I=0$),所以 VD 的正极电位大于负极,二极管导通,$U_{ab}=12$ V。

②在图 1-2(b)中,设二极管导通,则沿着二极管导通的方向列回路方程有:$-6+IR+12=0$,解出 $I=-6/R$,得出 I 为负值,说明电流的实际方向与二极管导通后的电流方向相

反,二极管处于截止状态,二极管截止后电路的电流为0,所以 U_{ab} = 12 V。

③在图 1-2(c)中,b 点电位为 0 V,将 VD$_1$ 和 VD$_2$ 断开,所以 VD$_1$ 的正极电位为 0 V,负极为 6 V,所以 VD$_1$ 截止。VD$_2$ 的正极电位为 12 V,负极电位为 6 V,所以二极管 VD$_2$ 导通。输出电压 U_{ab} = 12 V。

例 1-2　二极管限幅电路及输入波形如图 1-3 所示,试作出电路的输出波形。设二极管为硅材料二极管。

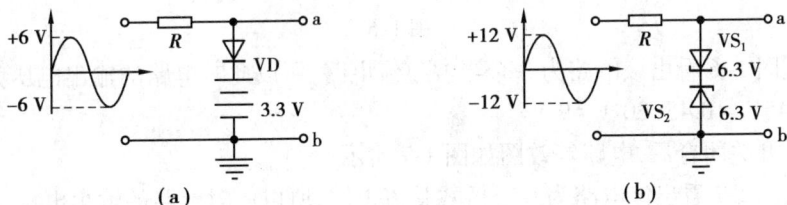

图 1-3

【分析】　在分析限幅电路时,其关键是分析二极管是否导通,对于变化的输入信号要进行分段分析。

解:①在图 1-3(a)中,很明显当输入为正半周时,其峰值达到 6 V,而当电压小于 4 V 时,二极管正极电位小于负极而处于截止状态;当电压大于等于 4 V 时,二极管正极电位将大于负极电位而处于导通状态;当输入为负半周时,二极管正电位始终小于负极而处于截止状态。画电路的输出波形如图 1-4(a)所示。

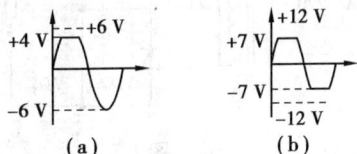

图 1-4

②在图 1-3(b)中,这是一种常见的正负双向限幅电路,当输入电压的绝对值小于 7 V 时,VS$_1$ 和 VS$_2$ 均处于截止状态,当输入电压处于正半周且大于 7 V 时,VS$_1$ 正偏导通,VS$_2$ 处于反向击穿状态;当输入电压处于负半周且小于 −7 V 时,VS$_2$ 正偏导通,VS$_1$ 处于反向击穿状态,此时输出电压波形如图 1-4(b)所示。

例 1-3　在电路图 1-5 中,试画出开关 S 分别在断开和闭合时的等效电路,设变压器次级电压有效值为 20 V,并计算出电路的输出电压 U_o。

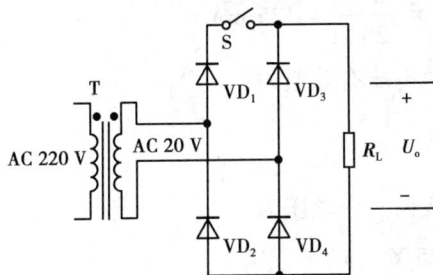

图 1-5

【分析】　在分析计算较为复杂的电路时,可以通过画等效图来进行分析,这样可以将复杂电路简单化,以便于观察电路的连接情况。

解:①当开关 S 断开时,电路等效图如图 1-6 所示。

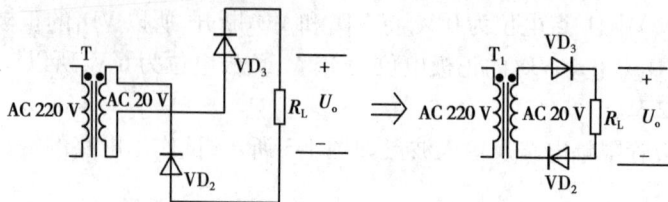

图 1-6

可以从图 1-6 看出该电路为一个半波整流电路,所以此时电路的输出电压为:

$U_o = 0.45U_2 = 0.45 \times 20 \text{ V} = 9 \text{ V}$

②当 S 开关闭合后,电路等效图如图 1-7 所示。

可以从图 1-7 看出该电路为一个桥式整流电路,所以此时电路的输出电压为:

$U_o = 0.9U_2 = 0.9 \times 20 \text{ V} = 18 \text{ V}$

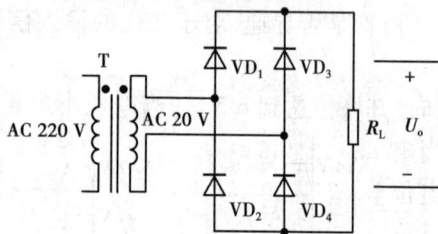

图 1-7

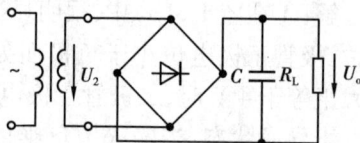

图 1-8

例 1-4 需要一单相桥式整流电容滤波电路,电路如图 1-8 所示。交流电源频率 $f = 50 \text{ Hz}$,负载电阻 $R_L = 120 \text{ }\Omega$,要求直流电压 $U_o = 30 \text{ V}$,试选择整流元件及滤波电容。

【分析】 首先要熟悉桥式整流电容滤波电路的原理,根据其计算公式计算出相应的参数,然后再进行元器件选择。

解:(1)选择整流二极管

①流过二极管的平均电流为:

$$I_D = \frac{1}{2}I_o = \frac{1}{2}\frac{U_o}{R_L} = \frac{1}{2} \times \frac{30 \text{ V}}{120 \text{ }\Omega} = 125 \text{ mA}$$

由 $U_o = 1.2U_2$,所以交流电压有效值为:

$$U_2 = \frac{U_o}{1.2} = \frac{30 \text{ V}}{1.2} = 25 \text{ V}$$

②二极管承受的最高反向工作电压为:

$$U_{DRM} = \sqrt{2}U_2 = \sqrt{2} \times 25 \text{ V} = 35 \text{ V}$$

可以选用 2CZ11A($I_{RM} = 1\,000 \text{ mA}, U_{RM} = 100 \text{ V}$)整流二极管 4 个。

(2)选择滤波电容 C

取 $R_L C = 5 \times \frac{T}{2}$,而 $T = \frac{1}{f} = \frac{1}{50} = 0.02 \text{ s}$

所以 $C = \dfrac{1}{R_L} \times 5 \times \dfrac{T}{2} = \dfrac{1}{120\ \Omega} \times 5 \times \dfrac{0.02\ \text{s}}{2} = 417\ \mu F$

可以选用 $C = 500\ \mu F$，耐压值为 50 V 的电解电容器。

课堂练习题

一、填空题

1.导电能力介于导体与绝缘体之间的物质称为＿＿＿＿＿＿＿。

2.半导体具有＿＿＿＿＿＿、＿＿＿＿＿＿和＿＿＿＿＿＿ 3 大特性。

3.利用半导体的＿＿＿＿＿＿特性可以制成温度电阻;利用半导体的＿＿＿＿＿＿特性可以制成光敏电阻;利用半导体的＿＿＿＿＿＿特性可以制成二极管、三极管等器件。

4.本征半导体是指＿＿＿＿＿＿＿＿＿＿＿＿＿＿＿＿＿＿＿＿＿＿＿＿＿的半导体;在本征半导体中掺入微量的三价元素硼将得到＿＿＿＿＿＿＿型半导体;在本征半导体中掺入微量的五价元素磷将得到＿＿＿＿＿＿型半导体;利用特殊工艺使同一块本征半导体的两侧分别掺入三价元素和五价元素,则在二者的交界处将形成一块特殊的区域,该区域称为＿＿＿＿＿＿结。

5.一只二极管的核心是由一个＿＿＿＿＿＿＿＿＿＿构成。

6.二极管最主要的特性是＿＿＿＿＿＿＿＿性,其含义是当二极管的正极接电源＿＿＿＿＿＿,负极接电源＿＿＿＿＿时,二极管将处于导通状态;电源极性与上述相反,则二极管处于＿＿＿＿＿＿状态。

7.最常见的半导体材料是＿＿＿＿＿和＿＿＿＿＿,若测得一只二极管导通时的电压为 0.7 V,则说明该二极管是＿＿＿＿＿＿材料制成的;若测得一只二极管导通时的电压为 0.3 V,则说明该二极管是＿＿＿＿＿＿材料制成的。

8.二极管的伏安特性按照二极管的不同偏置状态,可分为＿＿＿＿＿＿特性和＿＿＿＿＿＿特性。

9.二极管的正向特性分为两段,其中当电压小于死区电压时,二极管将处于＿＿＿＿＿＿状态;当电压大于死区电压后,二极管将处于＿＿＿＿＿＿状态,这时二极管中的＿＿＿＿＿＿将随着两端电压的微小变化而剧烈变化。

10.将交流电流变换成单向脉动电流的过程称为＿＿＿＿＿＿＿＿＿＿＿,完成这种功能的电路称为＿＿＿＿＿＿＿＿＿。

11.二极管正向偏置时两端电压与流过电流的关系是二极管的＿＿＿＿＿＿。二极管反向偏置时两端电压与流过电流的关系是指二极管的＿＿＿＿＿＿。最大整流电流是指二极管＿＿＿＿＿＿工作时允许通过的＿＿＿＿＿＿＿＿电流,最高反向工作电压是指二极管正常使用时所允许加的＿＿＿＿＿＿＿＿。

12.二极管的伏安特性曲线不是直线,说明二极管属于＿＿＿＿＿＿＿＿＿＿元件。

13.常见的整流电路有＿＿＿＿＿、＿＿＿＿＿、＿＿＿＿＿ 3 种。

14. 半波整流电容滤波电路中,如果输入电压有效值为 U_2,负载电阻为 R_L,则负载上电压的平均值为_____,在负载上电流的平均值为_____。

15. 桥式(全波)整流电路中,如果输入电压有效值为 U_2,负载电阻为 R_L,则负载上电压的平均值为_____,在负载上电流的平均值为_____。

16. 能够将脉动直流电变换为平滑直流电的电路称为_____电路。

17. 电容滤波电路是利用电容的_____原理进行滤波的,整流二极管的导通时间比没接滤波电容时_____。

18. 稳压二极管在使用时必须串联一只合适的_____才能正常工作。

19. 在图 1-9 中,如果 R_L 中的电流是 2 A,则流过每只整流二极管的电流是_____ A。

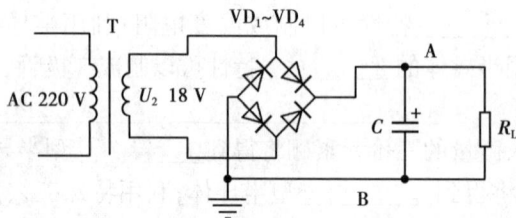

图 1-9

20. 请你使用指针式万用表的 R×1 k 挡分别测量以下二极管正常时的正反向电阻,并填入表 1-3,要求熟记检测出的参数。

表 1-3　实测常见二极管的正反向电阻值

二极管型号	正向电阻	反向电阻	常见用途
1N4007			
1N4148			
12 V 稳压二极管			
2AP9			

21. 用指针式万用表检测图 1-9 的相关参数,检测电压 U_2 应选择_____挡,检测交流电压时表笔可以不分正负;在测输出电压 U_0 时,应选用_____挡,红表笔接在_____点,黑表笔应接在_____点。

22. 如果变压器副边电压的有效值为 18 V,则单相桥式整流器(不滤波)的输出电压为_____ V。

23. 如图 1-10 所示单相桥式整流电路,变压器副边电压有效值 U_2 为 10 V,若 VD$_1$ 断路,输出电压 U_0 为_____ V。

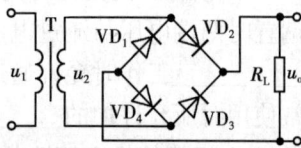

图 1-10

24. 电源电路中整流二极管的作用,是利用了二极管的_____。

二、选择题

1.万用表电阻挡 R×1 k 挡测量二极管时,交换表笔测得两次的阻值均为 0,则说明该二极管为(   )。

　　A.断路　　　　　　　B.开路　　　　　　　C.击穿　　　　　　　D.正常

2.下列说法正确的是(   )。

　　A.硅管的死区电压为 0.5 V,锗管的死区电压为 0.2 V

　　B.硅管的死区电压为 0.2 V,锗管的死区电压为 0.5 V

　　C.锗管的死区电压为 0.7 V,硅管的死区电压为 0.2 V

　　D.锗管的死区电压为 0.2~0.3 V,硅管的死区电压为 0.6~0.7 V

3.在电路中测得一只二极管的正极电位为 10 V,负极电位为 1 V,请判定该二极管的工作状态是(   )。

　　A.导通　　　　　　　　　　　　B.反向截止

　　C.二极管内部击穿短路　　　　　D.二极管内部已开路

4.当温度升高后,二极管的正向电压将(   )。

　　A.增大　　　　　　　B.减小　　　　　　　C.不变　　　　　　　D.无法确定

5.用万用表的 R×1 k 和 R×100 挡测量同一只二极管时,两次测得的阻值分别为 R_1 和 R_2,则二者相比(   )。

　　A.$R_1 < R_2$　　　　　B.$R_1 > R_2$　　　　　C.$R_1 = R_2$　　　　　D.$R_1 = 2 \times R_2$

6.为保证二极管导通后电流不会过大而烧坏二极管,所以二极管在使用时都要接一个限流电阻来保证安全,那么整流二极管的限流电阻是电路中的(   )。

　　A.变压器次级线圈的直流电阻　　　　　B.滤波电容的漏电阻

　　C.滤波电感的直流电阻　　　　　　　　D.负载电阻

7.电路中接入滤波电容后,与未接入时比较,电路的变化有(   )。

　　①负载两端电压升高　　　　　　　②整流二极管导通时间缩短

　　③负载两端电压波形更加平滑　　　④整流二极管导通时间不变

　　A.①③④　　　　　　B.①②③　　　　　　C.②③④　　　　　　D.①②④

8.下列关于桥式整流电路的说法,不正确有(   )。

　　A.桥式整流电路由 4 只二极管组成

　　B.桥式整流电路的输出电压是半波整流电路的 1.2 倍

　　C.两只二极管的负极接在一起是输出电压的正极

　　D.两只二极管的正极接在一起是输出电压的负极

9.如图 1-11 所示,正确的桥式整流电路是(   )。

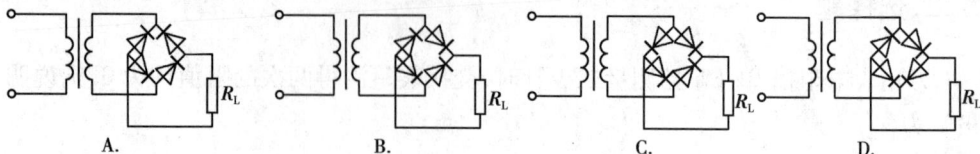

图 1-11

10.要想使稳压二极管电路正常工作,下列说法不正确的是(   )。

    A.稳压二极管与负载应处于串联状态

    B.稳压二极管与负载应处于并联状态

    C.输入电压应大于稳压二极管的稳压值,以便让稳压二极管能正常工作于反向击穿状态

    D.当输入电压小于稳压二极管的稳压值时,电路的输出电压将不稳定

11.单相桥式整流电路由 4 只二极管组成,那么三相桥式整流电路应采用(   )二极管组成。

    A.6 只   B.12 只   C.8 只   D.3 只

12.单相桥式整流电路中,流过每只二极管的电流是负载电流的(   )倍。

    A.2   B.1.2   C.1   D.0.5

13.在图 1-12 中用万用表测得 U_o 为 0.7 V,这说明该稳压二极管(   )。

    A.已经击穿   B.接反   C.工作正常   D.无法判断

14.在图 1-12 中用万用表测得 U_o 为 10 V,这说明该稳压二极管(   )。

    A.已经击穿   B.接反   C.工作正常   D.开路

15.在图 1-12 中用万用表测得 R_1 两端电压为 10 V,这说明该稳压二极管(   )。

    A.已经击穿   B.接反   C.工作正常   D.开路

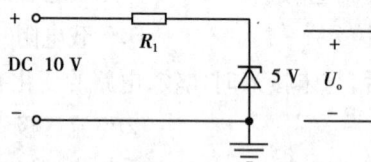

图 1-12

16.二极管负极电压为 3.7 V,正极电压为 3 V,表明该二极管工作在(   )状态。

    A.导通   B.截止   C.不确定   D.击穿

17.二极管两端加上正向电压时(   )。

    A.一定导通   B.超过死区电压才导通

    C.超过 0.3 V 才导通   D.超过 0.7 V 才导通

18.一个硅二极管反向击穿电压为 150 V,则其最高反向工作电压(   )。

    A.大于 150 V   B.略小于 150 V

    C.不得超过 40 V   D.等于 75 V

19.用万用表检测二极管时发现其正、反向电阻均约等于0,说明该二极管(　　)。

　　A.已经被击穿　　　B.正常　　　　　　　C.内部老化　　　　　D.开路

20.在单相桥式整流电路中,若变压器次级电压的有效值 $U_2 = 10$ V,输出电压 U_o 为(　　)。

　　A.4.5 V　　　　　　B.9 V　　　　　　　C.10 V　　　　　　　D.12 V

21.在单相桥式整流电路中,若其中一只二极管断开,则负载两端的直流电压将(　　)。

　　A.变为零　　　　　　B.下降　　　　　　C.升高　　　　　　　D.保持不变

22.要使二极管正向导通,则加在二极管的正向偏置电压应大于(　　)。

　　A.死区电压　　　　　　　　　　　　　B.饱和电压

　　C.击穿电压　　　　　　　　　　　　　D.最高反向工作电压

23.如图 1-13 所示,若将普通发光二极管 VD 与电动势 E 为 9V 的直流电源相连(　　)。

　　A.该电路能正常工作

　　B.此二极管因反向电压过大而击穿

　　C.此二极管因正向电压偏低而截止

　　D.此二极管因正向电流过大而损坏

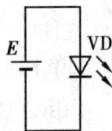

图 1-13

24.(2019 年高考真题)如图 1-14 所示半波整流电路输入电压 U_2 的有效值为 20 V,则输出电压 U_o 约为(　　)。

　　A.9 V　　　　　　B.18 V　　　　　　C.24 V　　　　　　D.28 V

25.如图 1-15 所示桥式整流电容滤波电路,如果变压器次级电压 u_2 的有效值为10 V,则负载 R_L 上的平均电压 U_L 约为(　　)。

　　A.8 V　　　　　　B.10 V　　　　　　C.12 V　　　　　　D.15 V

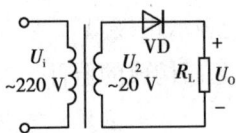

图 1-14

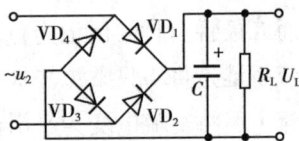

图 1-15

26.测得电路中某锗二极管的正极电位为 3 V,负极电位为 2.7 V,则此二极管工作在(　　)。

　　A.正向导通区　　　B.反向截止区　　　C.死区　　　　　　　D.反向击穿区

27.发光二极管正常发光时工作在(　　)。

　　A.正向导通区　　　B.死区　　　　　　C.反向截止区　　　　D.反向击穿区

28.正弦交流电压经整流后,输出为(　　)。

　　A.正弦交流电压　　B.稳恒直流电压　　C.平滑直流电压　　　D.脉动直流电压

三、判断题

1.二极管电压击穿后可恢复正常。 （　　）

2.二极管的反向饱和电流越大,二极管的质量越好。 （　　）

3.单相半波整流电路中,若变压器副边绕组的电压有效值为 10 V,则二极管截止所承受的最高反向电压为 10 V。 （　　）

4.光电二极管和发光二极管使用时都应加反向电压。 （　　）

5.只要加上正向电压,二极管就可以导通。 （　　）

6.一般情况下,硅二极管导通后的正向压降比锗二极管的正向压降要大。 （　　）

7.在二极管的半波整流电路中加上电容 C 滤波后,二极管承受的最高反向电压值与不加电容滤波时一样。 （　　）

8.单相桥式整流电路在输入交流电的每个半周内都有两只二极管导通。 （　　）

9.电容滤波电路适用于负载较重的场合。 （　　）

10.桥式整流电路与全波整流电路相比,桥式整流电路中二极管的电流为负载电流的一半,全波整流电路中二极管的电流为负载电流的全部。 （　　）

11.二极管的反向特性有两个区域,分别是反向截止区和反向击穿区。 （　　）

12.发光二极管发光时将工作于伏安特性的反向击穿区。 （　　）

13.硅材料二极管与锗材料二极管相比,硅二极管的正常导通电压较大,锗二极管的反向漏电流较大。 （　　）

14.复式滤波电路输出的电压波形比一般滤波电路输出的电压波形平滑。 （　　）

15.三相桥式整流电路输出电压波形较三相半波整流电路更平滑,脉动更小。 （　　）

16.普通二极管引脚的标记为色环标记法,银白色色环端表示正极。 （　　）

17.整流桥堆是将 4 只整流二极管按桥式连接集成在一起而构成的器件。 （　　）

18.整流电路将交流电变为平滑的直流电。 （　　）

19.当光照增强时,光敏二极管的反向电阻变小。 （　　）

20.单相桥式全波整流电路中,流过每个二极管的平均电流为负载电流的一半。 （　　）

21.输入电压不变的情况下,桥式整流电路加上滤波电容后,整个电路的输出电压升高。 （　　）

22.测得某二极管的正、反向电阻均趋于无穷大,则该二极管开路。 （　　）

23.整流电路的主要功能是将交流电变换成脉动直流电。 （　　）

24.硅二极管的导通电压为 0.2 V。 （　　）

四、作图题

1.请作出硅二极管的伏安特性曲线,并标出死区电压。

2.请作出桥式整流电路的原理图。

3.画出图 1-16 中的输出电压波形 U_{ab}。

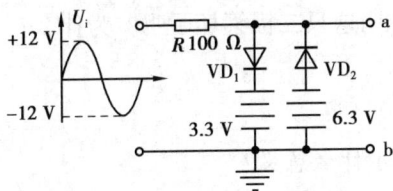

图 1-16

4.请画出半波整波电容滤波电路原理图。

五、简答题

1.简述二极管的单向导电性。

2.请分析单相半波整流电路的工作原理。

3.请分析单相桥式整流电路的工作原理。

4.在图 1-17 中,当变压器输出为 20 V 的交流电压时,试分析 R_{L_1} 和 R_{L_2} 获得的是交流还是直流电,若是直流电请分别在负载两端标出极性。

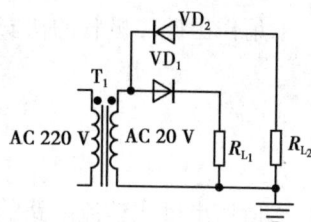

图 1-17

5.简述用指针式万用表检测二极管极性的方法。

6.当用万用表的电阻挡测量同一只二极管时,会发现不同的挡位所读出的阻值并不相同,而测量同一只电阻时不会有此现象,这说明这只二极管坏了吗?为什么?

7.二极管的主要参数有哪些?它们分别表示什么意义?

8.有人在测一个二极管的反向电阻时,为使表笔和二极管接触更好一些,有人用手把二极管两端与表笔捏紧,结果发现反向电阻比较小,认为不合格,但用在设备却能正常工作,这是为什么?

六、计算题

1.已知电路如图 1-18 所示,求:①负载两端的电压 U_o。②简述整流二极管的选择依据。

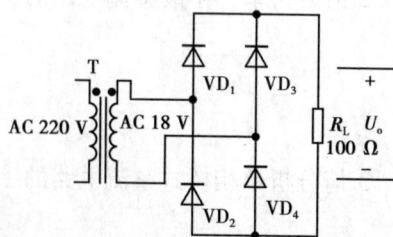

图 1-18

2.已知电路如图 1-19 所示,稳压管的稳压值为 6 V,额定功耗为 0.5 W,求当输入电压分别为 8 V、12 V、24 V 时的输出电压,并思考当输入电压为 24 V 时,稳压二极管能否长时间安全工作? 为什么?

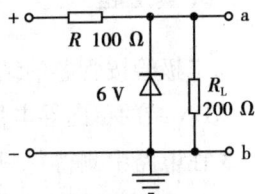

图 1-19

3.电路如图 1-20 所示,试计算当开关 S_1、S_2 在以下 4 种状态时的输出电压,并画出对应的等效图,①S_1、S_2 均断开;②S_1 闭合、S_2 断开;③S_1 断开、S_2 闭合;④S_1、S_2 均闭合。

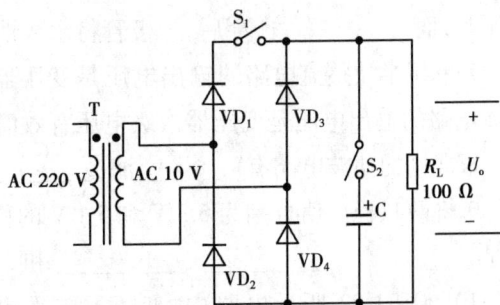

图 1-20

4.在图 1-21 所示电路中,稳压管的稳定电压 $U_z = 10$ V,图中电压表流过的电流忽略不计,试求:

①当开关 S 闭合时,电压表 V 和电流表 A_1、A_2 的读数分别为多少?

②当开关 S 断开时,电压表 V 和电流表 A_1、A_2 的读数分别为多少?

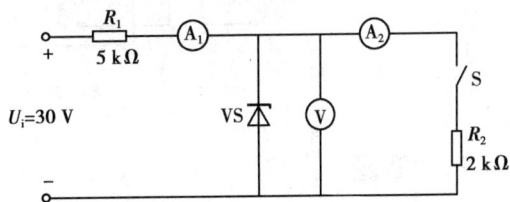

图 1-21

自我检测题

一、填空题

1.二极管按管芯的结构不同,可以分为_____、_____和平面形。

2.PN 结的单向导电性表现为_____时导通,_____时截止。

3.在电路中测得一只二极管正极电位是 3 V,负极电位是 2.3 V,则二极管工作于_____状态,这只二极管的材料是_____材料。

4.发光二极管工作在_____,光电二极管工作在_____,稳压二极管稳压时工作在_____。

5.在单相桥式整流电路中,如果一只整流二极管断路,则电路成为_____电路。

6.二极管反向击穿分为_____击穿和_____击穿,其中_____击穿后可以恢复正常,而_____击穿后,二极管将永久性损坏。

7.单相半波整流电路的输出电压是变压器次级电压有效值的_____倍,单相桥式整流电路的输出电压是变压器次级电压有效值的_____倍。

8.常见的滤波电路有_____滤波、_____滤波和_____滤波。

9.将两只稳压值分别为 6.3 V 和 5.1 V 的稳压二极管进行串联,能得到 4 种稳压值,分别是_____、_____、_____和_____。

10.在图 1-22 所示电路中,变压器二次电压 $U_2 =$ _____ V;负载两端电压 $U_L =$ _____ V,负载电流 $I_L =$ _____ mA;流过限流电阻的电流 $I_R =$ _____ mA;流过稳压二极管的电流 I_Z 为_____ mA,稳压二极管的实际功耗为_____ W,限流电阻 R 的实际功耗为_____ W。

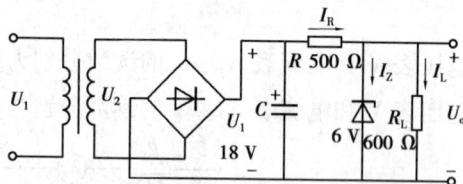

图 1-22

二、判断题

1.二极管最主要参数是最大整流电流和最高反向工作电压。　　　　　　　　(　　)

2.把一块 P 型半导体和一块 N 型半导体紧紧结合在一起,在结合处就能形成一个 PN 结。　　　　　　　　　　　　　　　　　　　　　　　　　　　　(　　)

3.稳压二极管只能用作稳压,不能作为普通二极管使用。　　　　　　　　　(　　)

4.在使用万用表测整流二极管时,以指针发生偏转的一次为准,黑表笔接的是二极管的正极,红表笔接的是二极管的负极。　　　　　　　　　　　　　　　　　（　　　）

5.若将单相半波整流电路中的二极管接反,负载上得到的电压的极性也应该相反。　　　　　　　　　　　　　　　　　　　　　　　　　　　　　　　　　（　　　）

6.若单相桥式整流电路中的某一只二极管接反,则变压器被烧坏的可能性会很大。　　　　　　　　　　　　　　　　　　　　　　　　　　　　　　　　　（　　　）

7.将脉动直流电流变成直流的过程称为稳压。　　　　　　　　　　　　　　（　　　）

8.电感滤波电路适用于负载较重的场合,在连接电路时应将滤波电感与负载并联。　　　　　　　　　　　　　　　　　　　　　　　　　　　　　　　　　（　　　）

9.硅材料二极管的导通电压虽然比锗材料的要高,但穿透电流较小,所以我们应该多用硅材料的二极管。　　　　　　　　　　　　　　　　　　　　　　　（　　　）

10.整流电路可以把交流电变为直流电,也可以把直流电变为交流电。　　　（　　　）

三、选择题

1.整流二极管在工作时,不会处于（　　　）状态。

A.死区　　　　　　　　　　　　　　B.正向导通区

C.反向截止区　　　　　　　　　　　D.反向击穿区

2.当温度升高时,二极管中的反向饱和电流将（　　　）。

A.增大　　　　　　B.减小　　　　　　C.不变　　　　　　D.先增大后减小

3.单相桥式整流滤波电路中,二极管导通时间为（　　　）。

A.半个周期　　　　　　　　　　　　B.整个周期

C.电容充电时间　　　　　　　　　　D.电容放电时间

4.单相桥式整流滤波电路中,若变压器副绕组电压有效值为 10 V,而测得输出电压为 14.1 V,则说明（　　　）。

A.电容开路　　　　　　　　　　　　B.负载开路

C.电容击穿　　　　　　　　　　　　D.二极管损坏

5.用指针式万用表的电阻挡测量二极管正向电阻,由于不同量程时通过二极管的电流（　　　）,所测得正向电阻阻值（　　　）。

A.相同,相同　　　　　　　　　　　B.相同,不同

C.不同,不同　　　　　　　　　　　D.不同,相同

6.二极管反偏时,以下说法正确的是（　　　）。

A.在达到反向击穿电压之前通过电流很小,称为反向饱和电流

B.在达到死区电压之前,反向电流很小

C.二极管反偏一定截止,电流很小,与外加反偏电压大小无关

D.二极管反向击穿后,其反电流很小

7.二极管电路和输入电压 u_i 如图 1-23 所示,则输出电压 u_o 的波形为(　　)。

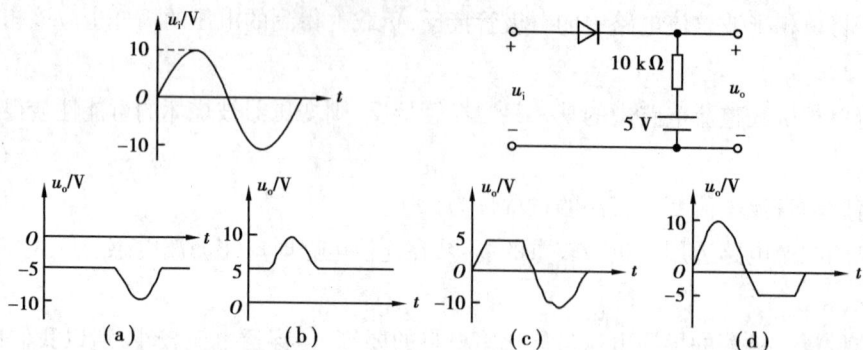

图 1-23

8.某一单相半波整流电路中,变压器次级电压为 U_2,若将半波整流电路改为桥式整流电路,负载上要得到原有的直流电压,则变压器次级电压应改为(　　)。

A.U_2　　　　　　　　B.$0.5U_2$　　　　　　　　C.$2U_2$　　　　　　　　D.不可能

9.晶体二极管的正极电位是 10 V,负极电位是 -5 V,则该晶体二极管处于(　　)状态。

A.二极管零偏　　　　　　　　　　　　B.二极管反偏

C.二极管正偏　　　　　　　　　　　　D.二极管已发生开路性故障

10.一桥式整流滤波电路供电瞬间烧交流保险丝,下面不可能的原因是(　　)。

A.某一只整流二极管反接　　　　　　　B.滤波电容短路

C.某一只整流二极管短路　　　　　　　D.滤波电容开路

四、问答题

1.用指针式万用表 R×10 k 测量稳压值小于 10 V 以下的稳压二极管时,其反向电阻不会为无穷大,而测试普通二极管不会有此现象,这个现象正常吗？为什么？

2.试阐述电容滤波电路的工作原理。

五、作图题

1.请改正图 1-24 中的错误,以便在输出端得到 +5 V 的输出电压。

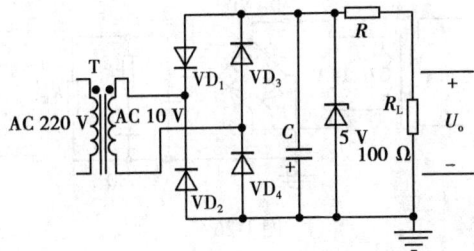

图 1-24

2.请分别画出桥式整流电容滤波电路和半波整流电感滤波电路的原理图。

六、计算题

1.请指出图 1-25 中各二极管的状态,假设各二极管为理想二极管,并计算出电路的输出电压 U_{ab}。

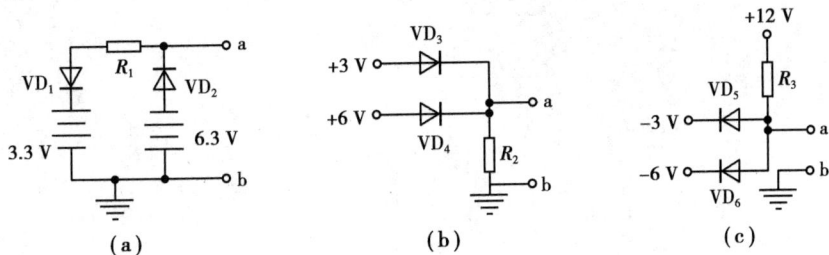

（a）　　　　　　（b）　　　　　　（c）

图 1-25

2.图 1-26 是一个有故障的电子产品的电源原理图,相关参数如图所示,现已测得输出 U_o 为电压为 8.1 V,变压器输出电压 18 V 正常,请你根据相关知识分析计算出电路的故障点。

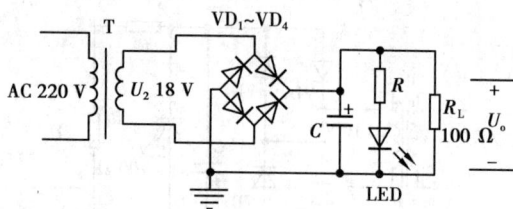

图 1-26

第二章　晶体三极管及放大电路基础

学习目标

(1) 了解三极管的内部结构；

(2) 掌握三极管的电流分配规律；

(3) 理解三极管的放大原理及输入、输出特性曲线；

(4) 掌握三极管工作在截止、放大、饱和状态的条件和特点；

(5) 理解三极管的主要参数，能根据三极管的主要参数选择合适的三极管；

(6) 能使用指针式万用表对三极管的类型、引脚、质量进行判断；

(7) 掌握基本放大电路和分压式偏置电路的电路结构；

(8) 了解分压式偏置电路稳定静态工作点的原理；

(9) 能画三极管放大电路的交流通路和直流通路；

(10) 理解三极管放大电路的基本工作原理；

(11) 掌握基本放大电路静态工作点和电压放大倍数的计算，了解分压式偏置电路静态工作点和电压放大倍数的计算方法；

(12) 了解三极管放大电路的3种组态及其基本特点；

(13) 能安装三极管基本放大电路，能在路判断三极管的质量，能判断三极管在电路中的实际工作状态；

(14) 能测量三极管放大电路的输入、输出波形，能判断三极管放大电路的常见故障。

知识要点

一、晶体三极管基础

①三极管由两个相距很近的 PN 结构成，按两个 PN 结排列的方式不同，可分为 NPN 型和 PNP 型，其引出 3 个电极分别是集电极、发射极和基极，它们的电路符号如图 2-1 所示。

②三极管的结构特点及引脚排列规律，详见教材的叙述。

③三极管电流关系的 3 个重要公式：① $I_E = I_B + I_C$，② $I_C = \beta I_B$，③ $I_E = (1+\beta) I_B$。

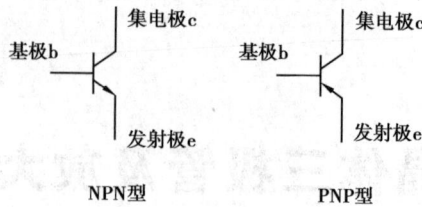

NPN型   PNP型

图 2-1

④三极管输入特性曲线与二极管的伏安特性曲线相似,体现了 I_B 随 U_{BE} 的变化而变化的过程,如图 2-2(a)所示。三极管的输出特性曲线是一簇接近平行的直线,它表明三极管在截止区,I_C 几乎为 0,只有很小的穿透电流(我们希望穿透电流越小越好);而一旦进入放大区,I_C 仅受 I_B 的控制,而与 U_{CE} 几乎无关;在饱和区,I_C 不在受 I_B 的控制,而是随着 U_{CE} 的变化而变化,如图 2-2(b)所示。

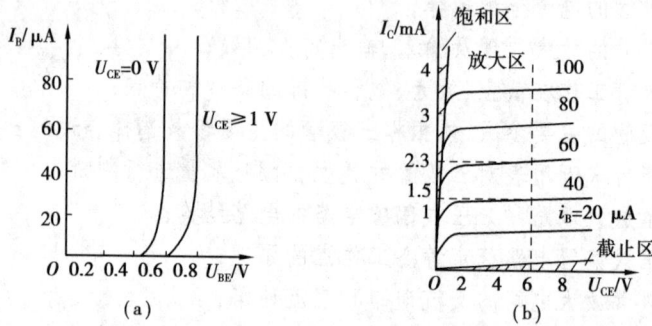

图 2-2

⑤三极管 3 种工作状态比较见表 2-1。

表 2-1 三极管 3 种工作状态比较

状态 比较项目	截 止	放 大	饱 和
在输出特性曲线上的位置	$I_B=0$ 以下的区域	曲线中平行且等距的区域	曲线左边陡直部分到纵轴之间的区域
PN 结偏置状态	集电结反偏,发射结反偏	集电结反偏,发射结正偏	集电结正偏,发射结正偏
c、e 间等效状态	相当于"开关"断开	受控于 I_B 的恒流源	相当于"开关"闭合
I_B 与 I_C 的关系	$I_B=0$,$I_C\approx 0$	受控 $I_C=\beta I_B$	I_B、I_C 较大,但 I_C 不受 I_B 控制
工作状态实测数据判断依据	硅管:$U_{BE}<0.5$ V 锗管:$U_{BE}<0.2$ V	硅管:0.5 V$<U_{BE}<0.7$ V 锗管:0.2 V$<U_{BE}<0.3$ V 且均有 $U_{BE}<U_{CE}<E_C$	硅管:0.6 V$<U_{BE}<0.8$ V 锗管:0.2 V$<U_{BE}<0.3$ V 且 $U_{CE}<U_{BE}$

⑥在三极管的主要参数中,集电极最大允许电流 I_{CM}、集电极发射极间反向击穿电压

U_{CEO}、集电极最大允许耗散功率 P_{CM} 是极限参数,在实际选用三极管时,电路中的实际值不允许超过极限参数的,否则三极管会被损坏。集电极到发射极间穿透电流 I_{CEO}、电流放大倍数 β 是表示三极管性能优良的参数,尤其是集射间穿透电流 I_{CEO} 要求是越小越好。

⑦三极管的类型及引脚检测。采用指针万用表的 $R×1$ k 或 $R×100$ 挡;第一步:测基极定管型;第二步:找集电极。

二、三极管放大电路

①一个完整的放大电路必须具备放大元件,同时还须满足直流条件(发射结正偏,集电结反偏)和交流条件(交流通路必须畅通)。对放大电路的分析,应先进行静态工作点分析,再进行动态分析。

a.画出直流通路,有助于静态工作点的计算。其方法是:将电容视为开路,电感视为短路,其他元件照画。

b.画出交流通路,有助于计算电路的动态参数。其方法是:将电容视为短路,直流电源视为短路,将电感视为开路,其他元件照画。

②三极管放大电路静态工作点的计算公式:

$$\text{固定偏置电路}\begin{cases} I_{BQ} = \dfrac{E_C - U_{BEQ}}{R_b} \approx \dfrac{E_C}{R_b} \\[2mm] I_{CQ} = \beta I_B \\[2mm] U_{CEQ} = E_C - I_C R_C \end{cases} \qquad \text{分压式偏置电路}\begin{cases} U_{BQ} = \dfrac{R_{b2}}{R_{b1} + R_{b2}} E_C \\[2mm] U_{EQ} = U_{BQ} - U_{BEQ} \\[2mm] I_{CQ} \approx I_{EQ} = \dfrac{U_{EQ}}{R_e} \\[2mm] U_{CEQ} = E_C - I_{CQ}(R_c + R_e) \\[2mm] I_{BQ} = \dfrac{I_{CQ}}{\beta} \end{cases}$$

注意:硅三极管的 U_{BEQ} 取 0.7 V,锗三极管的 U_{BEQ} 取 0.3 V。

③放大电路的静态工作点设置不当,有可能引起输出波形的失真。

a.工作点设置过低(I_b 过小)会引起截止失真,可以通过增大基极电流来解决。

b.工作点设置过高(I_b 过大)会引起饱和失真,可以通过减小基极电流来解决。

c.若输出波形出现正负半周均失真,则是因为输入信号过大,可能通过减小输入信号的幅度来解决。

共发射极放大电路的输入输出波形如图 2-3 所示。(a)图为输入波形,(b)图是放大后输出的正常波形,(c)图是发生截止失真后的输出波形,(d)图是发生饱和失真后的输出波形,(e)图是发生两边失真后的输出波形。

④放大电路电压放大倍数的计算公式:

a. $A_u = -\dfrac{\beta R'_L}{r_{be}}$

b. $A_u = -\dfrac{\beta R'_L}{r_{be} + (1 + \beta) R_e}$

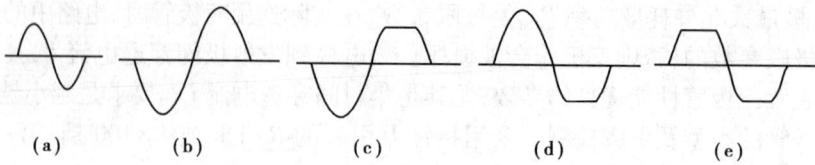

| (a) | (b) | (c) | (d) | (e) |

图 2-3

式 a 适用于发射极在交流通路中直接接地；式 b 适用于发射极在交流通路中通过电阻 R_e 接地。式中负号表示输入、输出信号的相位相反。

⑤放大电路的 3 种组态比较见表 2-2。

表 2-2　放大电路 3 种组态比较

比较项目 ＼ 电路名称	共发射极放大电路	共集电极放大电路	共基极放大电路
电路形式			
静态工作点	$I_{BQ} = \dfrac{E_C - U_{BEQ}}{R_b} \approx \dfrac{E_C}{R_b}$ $I_{CQ} = \beta I_B$ $U_{CEQ} = E_C - I_C R_C$	$I_{BQ} = \dfrac{E_C}{R_b + (1+\beta)R_e}$ $I_{CQ} = \beta I_B$ $U_{CEQ} = E_C - I_C R_C$	$U_{BQ} = \dfrac{R_{b2}}{R_{b1} + R_{b2}} E_C$ $U_{EQ} = U_{BQ} - U_{BEQ}$ $I_{CQ} \approx I_{EQ} = \dfrac{U_{EQ}}{R_e}$ $U_{CEQ} = E_C - I_{CQ}(R_c + R_e)$ $I_{BQ} = \dfrac{I_{CQ}}{\beta}$
电压放大倍数 A_u 的大小	$-\dfrac{\beta R'_L}{r_{be}}$（高）	约等于 1（低）	$\dfrac{\beta R'_L}{r_{be}}$
输入输出信号相位	反相	同相	同相
电流放大倍数 A_i	β（高）	$1+\beta$（高）	约等于 1（低）
输入电阻 r_i	r_{be}（中）	$r_{be} + (1+\beta)R'_L$（高）	$\dfrac{r_{be}}{1+\beta}$（低）
输出电阻 r_o	R_c（高）	$\approx \dfrac{r_{be}}{\beta}$（低）	R_c（高）
高频特性	差	较好	好
稳定性	输差	较好	较好
适用范围	多级放大器中间级，输入级	多级放大器输入级、输出级、缓冲级	高频电路，宽频带放大器

⑥在实际电路中,当一级放大器的放大倍数不够时,常采用多级放大器。

a.多级放大器总的电压放大倍数等于各级放大电路的放大倍数之积。

b.多级放大器级与级之间的耦合方式有阻容耦合、变压器耦合和直接耦合。

解题示例

例 2-1　测得三极管各电极的电压如图 2-4 所示,已知三极管工作在放大状态,请判断图中各三极管的材料、类型和引脚排列。

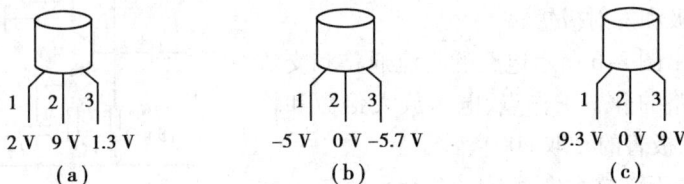

图 2-4

【分析】　对于已知工作状态去判断三极管的类型、材料和引脚,其主要判断方法为:
①判断材料的依据是三极管导通电压,硅材料的为 0.7 V 左右,锗材料的为 0.3 V 左右。
②判断类型和引脚的依据是三极管工作在放大状态时,集电结反偏,发射结正偏。具体来讲,三极管工作在放大状态时,NPN 型三极管各极电位分布是:$V_c > V_b > V_e$;PNP 型三极管的各极电位分布是:$V_e > V_b > V_c$。

解:在图 2-4(a)中,将各引脚电位进行排列:9 V>2 V>1.3 V,且 2 V−1.3 V=0.7 V,所以该三极管为 NPN 型硅材料。引脚 1 是基极,引脚 2 是集电极,引脚 3 是发射极。

在图 2-4(b)中,将各引脚电位进行排列:0 V>−5 V>−5.7 V,且−5 V−(−5.7 V)=0.7 V,所以该三极管为 NPN 型硅材料。引脚 1 是基极,引脚 2 是集电极,引脚 3 是发射极。

在图 2-4(c)中,将各引脚电位进行排列:9.3 V>9 V>0 V,且 9.3 V−9 V=0.3 V,所以该三极管为 PNP 型锗材料。引脚 1 是发射极,引脚 2 是集电极,引脚 3 是基极。

例 2-2　判断图 2-5 中各三极管的工作状态。

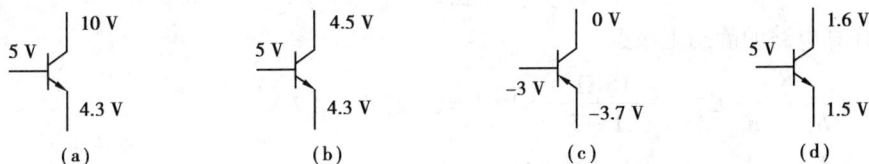

图 2-5

【分析】　已知三极管的类型和引脚电压判断三极管的工作状态,是实际工作中经常用到的必备技能,可以将实测数据与表 2-1 中的数据进行比较来判断三极管的工作状态。若实测值不属于三极管的三种工作状态中任何一种情况,则可以判断为该三极管已经损坏。

解:在图 2-5(a)中,有 $U_{be} = 5$ V−4.3 V=0.7 V,$U_{ce} = 10$ V−4.3 V=5.7 V,满足三极管放大的条件,所以图(a)中的三极管工作于放大状态。

在图 2-5(b)中,有 $U_{be} = 5$ V−4.3 V=0.7 V,$U_{ce} = 4.5$ V−4.3 V=0.2 V,满足三极管饱

和的条件,所以图(b)中的三极管工作于饱和状态。

在图 2-5(c)中,有 $U_{be} = -3\ V-(-3.7)\ V = 0.7\ V$,$U_{ce} = 0\ V-(-3.7\ V) = 3.7\ V$,请注意,这是一个 PNP 型三极管,这里 $U_{be} = 0.7\ V$ 表明基极电位高于发射极,而 PNP 型管要工作于放大状态,应该是基极电位低于发射极,所以该三极管处于截止状态。

在图 2-5(d)图中,有 $U_{be} = 5\ V-1.5\ V = 3.5\ V$,$U_{ce} = 1.6\ V-1.5\ V = 0.1\ V$,计算值表明该三极管的实测参数不在三极管的 3 种工作状态当中,所以此三极管已经损坏,损坏的情况是基极和发射极开路、集电极和发射极短路。

例 2-3 画出图 2-6 所示电路的直流通路和交流通路,并计算电路的静态工作点、电压放大倍数和输入、输出电阻(三极管的 β 取 200)。

【分析】 由于该放大电路是一个交直流信号共存的电路,所以在计算放大电路的交直流参数时,最好能画出交流、直流通路后再进行相应的计算。本例主要是考查同学们对计算公式的应用情况。

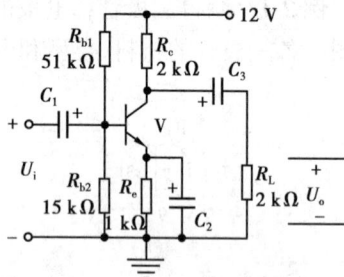

图 2-6

解:①画出直流通路如图 2-7(a)所示。

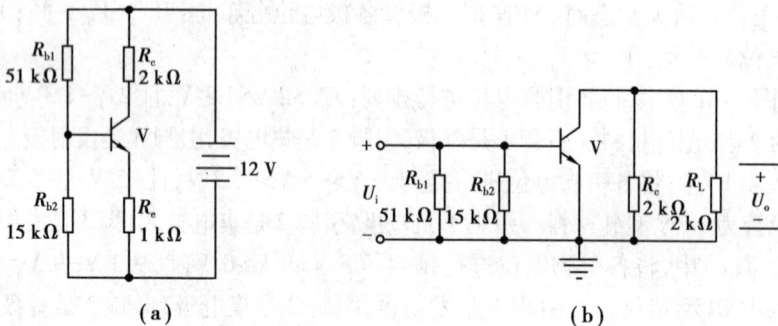

(a) (b)

图 2-7

②计算电路的静态工作点。

$$U_{BQ} = \frac{R_{b2}}{R_{b1} + R_{b2}} E_C = \frac{15\ \Omega}{51\ \Omega + 15\ \Omega} \times 12\ V = 2.727\ V \approx 2.7\ V$$

$$U_{EQ} = U_{BQ} - U_{BEQ} = 2.7\ V - 0.7\ V = 2\ V$$

$$I_{CQ} \approx I_{EQ} = \frac{U_{EQ}}{R_e} = \frac{2\ V}{1\ k\Omega} = 2\ mA$$

$$U_{CEQ} = E_C - I_{CQ}(R_c + R_e) = 12\ V - 2\ A \times (2\ \Omega + 1\ \Omega) = 6\ V$$

$$I_{BQ} = \frac{I_{CQ}}{\beta} = \frac{2\ mA}{200} = 10\ \mu A$$

③画出电路的交流通路如图 2-7(b)所示。

④电压放大倍数 A_u、输入电阻 r_i、输出电阻 r_o 的计算。

$$r_{\text{be}} = 300\ \Omega + (1+\beta)\frac{26\ \text{V}}{I_{\text{EQ}}} = 300\ \Omega + (1+200)\frac{26\ \text{V}}{2\ \text{A}} \approx 2.9\ \text{k}\Omega$$

$$R'_{\text{L}} = R_{\text{L}}//R_{\text{c}} = \frac{2\ \text{k}\Omega + 2\ \text{k}\Omega}{2\ \text{k}\Omega \times 2\ \text{k}\Omega} = 1\ \text{k}\Omega$$

$$A_{\text{u}} = -\frac{\beta R'_{\text{L}}}{r_{\text{be}}} = -\frac{200 \times 1\ \Omega}{2.9\ \Omega} \approx -69$$

$$r_{\text{i}} = R_{\text{b1}}//R_{\text{b2}}//r_{\text{be}} = 51\ \text{k}\Omega//15\ \text{k}\Omega//2.9\ \text{k}\Omega \approx 2.9\ \text{k}\Omega$$

$$r_{\text{o}} = R_{\text{c}} = 2\ \text{k}\Omega$$

例 2-4 判断图 2-8 中的放大电路能否正常放大信号。

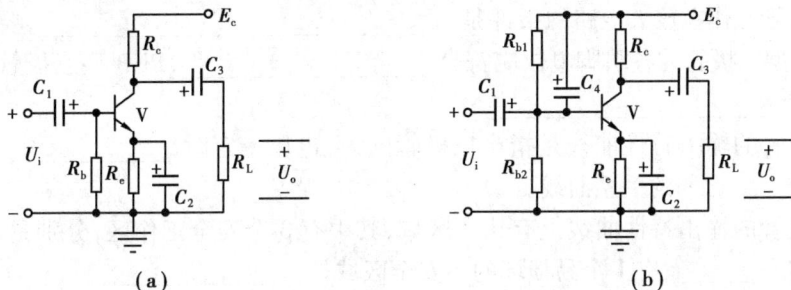

图 2-8

【分析】 判断放大电路能不能正常放大信号,要从静态工作点和交流信号通路两个方面来进行,这两个方面缺一不可。先看电路的静态工作点是否恰当,若电路图中有元件参数就要通过计算来确定工作点是否合适;若电路图中没有元件参数,则看电路中有没有导致三极管工作在饱和或截止状态的因素。只有电路的静态工作点正常,才能进行交流信号通路的检查。画出电路的交流通路,看信号能不能顺利从输入端到达输出端。

解: 在图 2-8(a)中,可以很明显地看出,三极管 V 在静态时基极电压为 0,三极管静态时处于截止状态。若输入信号幅度小于三极管的死区电压,则三极管在信号的整个周期内都是截止而无信号输出。若输入信号幅度大于三极管的死区电压,则三极管在信号的整个周期内都是将得到一个截止失真的信号输出。所以,该电路不能正常地放大信号,解决办法是增加一个基极上偏置电阻。

在图 2-8(b)中,从静态工作点看,该电路的静态工作点是正常的。但在交流通路中,输入信号将由 $u_{\text{i}} + \rightarrow C_1 \rightarrow C_4 \rightarrow E_{\text{c}} + \rightarrow \text{GND} \rightarrow u_{\text{i}} -$ 形成一个信号回路,这说明输入信号并没有加到三极管的发射结,而是被 C_4 通过直流电源短路了。所以,该电路不能正常放大信号,解决方法是将 C_4 开路或将 C_4 的负极改到接地端。

课堂练习题

一、填空题

1.三极管的内部由两个相距很近的_____构成,一个称为_____,另一个称为_____。三极管的 3 个电极分别为_____、_____和_____。

2.三极管可以分为_____和_____两类型。发射极电流流出的三极管是_____型,发射极电流流入的三极管是_____型。

3.测得一只三极管的 I_b 由 10 μA 增加到 20 μA 时,I_C 由 1.5 mA 增加到 3 mA,则 $\beta =$_____。

4.测得某三极管的发射极电流为 3 mA,基极电流为 30 μA,则集电极的电流为_____mA。

5.三极管内部电流应满足关系式_____。

6.三极管电流放大的实质是_____。

7.三极管工作在放大电路的条件是_____,要满足这个条件,NPN 型三极管的各引脚电位应符合_____,PNP 型三极管的各引脚电位应符合_____。

8.三极管的输入特性曲线是指当三极管的 U_{ce} 电压一定时,_____与_____之间的关系曲线。

9.三极管的输出特性曲线上有 4 个区域,其中有 3 个安全工作区,分别是_____、_____和_____;有 1 个易损坏的不安全区域是_____。

10.三极管的极限参数有_____、_____和_____。

11.温度上升,三极管的 β 会_____,穿透电流 I_{CEO} 会_____,发射结电压会_____。

12.测得某电路 NPN 型硅三极管的 c、b、e 极电位分别为 7 V、3 V、2.3 V,则此三极管工作状态为_____。

13.在用指针式万用表测量三极管的引脚时,当用红表笔找到了基极则说明该三极管的类型是_____,当用黑表笔找到了基极则说明该三极管的类型是_____。

14. 如图 2-9 所示电路中下列元件名称是:R_b_____,V_____,C_1_____,C_2_____,R_L_____。

15.电解电容有正负极性之分,在三极管放大电路中一定要保证电解电容器的正极接电路的_____电位,负极接_____电位。

16.在画电路的直流通路时,将电容视为_____,电感视为_____,其余元件保留。

17.放大电路_____时的工作状态称为静态。常用描述静态的 4 个参数是_____、_____、_____和_____。

18.静态工作点过高是指三极管的基极电流过_____,这时若输入一个信号则容易发生_____失真,解决办法是_____。

19.在图 2-9 中,$I_{BQ} =$_____,$U_{CEQ} =$_____。

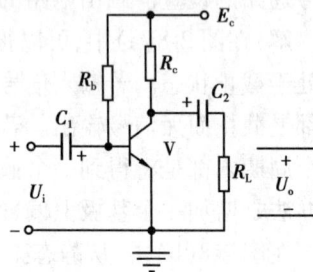

图 2-9

20.在图 2-9 中,在其他条件不变的情况下,R_L 增大,电压放大倍数 A_u 会_____;若 R_L 开路,则此时电压放大倍数 A_u 将达到最_____。

21.随着频率的降低,当电压放大倍数 A_u 下降到中频区的_____倍时所对应的频率称为_____;随着频率的升高,当电压放大倍数 A_u 下降到中频区的_____倍时所对应的频率称为_____,通频带 $f_{BW} = $_____。在图 2-9 中影响低频区电压放大倍数的主要元件是_____。

22.分压式偏置电路与基本放大电路相比,元件数量有所增加,使分压式偏置电路具有稳定_____特点。

23.某多级放大器的电压放大倍数为 100 000,用增益可表示为_____ dB。

24.多级放大器的级间耦合方式有_____、_____和_____。其中,各级静态工作点相互影响的是_____;能够实现阻抗变换的是_____。

25.放大电路的输入电阻降低,信号源的负担将会_____。一般情况下希望放大电路的输出电阻越小越好,这样可以提高放大器的_____能力。

26.三极管放大电路有 3 种组态,分别是_____、_____和_____。其中,电压放大倍数和电流放大倍数都最大的是_____;电压放大倍数很小,但电流放大倍数很大的是_____,这个电路在 3 种组态中输入电阻最_____,输出电阻最_____。

27.多级放大器的输入电阻就是第_____级放大电路的输入电阻,多级放大器的输出电阻就是_____级放大电路的输出电阻,多级放大器的电压放大倍数是各级放大器的电压放大倍数之_____。

二、选择题

1.某三极管发射极电流为 1 mA,基极电流为 30 μA,则集电极电流为(　　)。

    A.0.97 mA　　　　　B.1.03 mA　　　　　C.1.13 mA　　　　　D.1.3 mA

2.某放大电路中的 b、e、c 极对地电压分别为 4 V、3.3 V、8 V,则该管为(　　)。

    A.NPN 型硅管　　　B.NPN 型锗管　　　C.PNP 型硅管　　　D.PNP 型锗管

3.某工作于放大状态的硅三极管,测得 1 脚电位为 2.3 V,2 脚电位为 3 V,3 脚电位为 7 V,则可判定 1、2、3 管脚依次为(　　)。

    A.e、b、c　　　　　B.b、e、c　　　　　C.c、e、b　　　　　D.c、b、e

4.以下因素不会影响放大电路电压放大倍数的是(　　)。

    A. R_L 和 R_c　　　　B. β　　　　　　C. I_{EQ}　　　　　D.输入信号 U_i

5.若三极管的集电结反偏,发射结正偏,则当三极管基极电流减小时,使三极管的(　　)。

    A. I_c 增大　　　　B. U_{CE} 减小　　　C. U_{CE} 增大　　　D. β 减小

6.三极管工作在饱和状态时,是指(　　)。

    A.集电结反偏,发射结正偏　　　　　　B.集电结正偏,发射结正偏

    C.集电结反偏,发射结反偏　　　　　　D.集电结正偏,发射结反偏

7.在三极管放大电路中,以下关于三极管各电极电位最高的描述,正确的是(　　)。

　　A.NPN 型管的 B 极　　　　　　　　　B.NPN 型管的 C 极

　　C.PNP 型管的 C 极　　　　　　　　　D.PNP 型管的 B 极

8.在图 2-9 中,若输出信号出现了饱和失真,可以通过适当(　　)来消除。

　　A.增大 R_b　　　　　　B.增大 R_c　　　　　　C.减小 R_b　　　　　　D.减小 R_c

9.在图 2-10 中,工作在放大状态的三极管是(　　)。

10.在图 2-10 中,工作在饱和状态的三极管是(　　)。

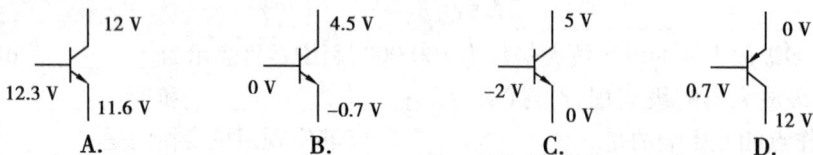

图 2-10

11.常用三极管 9013 的极限参数:$U_{CEO} = 25$ V,$I_{CM} = 0.5$ A,$P_{CM} = 0.625$ W,在以下哪个条件下能正常工作? (　　)

　　A. $U_{CE} = 20$ V, $I_C = 600$ mA　　　　　　B. $U_{CE} = 28$ V, $I_C = 200$ mA

　　C. $U_{CE} = 20$ V, $I_C = 300$ mA　　　　　　D. $U_{CE} = 10$ V, $I_C = 50$ mA

12.测得某 NPN 型三极管的 c、b、e 端对地电位分别为 5.3 V、5.7 V、5 V,则此三极管的工作状态为(　　)。

　　A.截止状态　　　　　B.饱和状态　　　　　C.放大状态　　　　　　D.击穿状态

13.以下关于放大器交流通路说法,错误的是(　　)。

　　A.电容视为短路　　　　　　　　　　B.电感视为开路

　　C.直流电源视为开路　　　　　　　　D.直流电源视为短路

14.三极管放大的实质是(　　)。

　　A.将小能量换成大能量　　　　　　　B.将小电压放大成大电压

　　C.用较小的电流控制较大的电流　　　D.将小电流放大成电流

15.放大电路设置静态工作点的目的是(　　)。

　　A.提高放大能力　　　　　　　　　　B.避免非线性失真

　　C.获得合适的输入电阻和输出电阻　　D.输出信号电压大,电流小

16.在三极管输出特性曲线中,当 I_b 等于 0 时,三极管的集电极电流 I_c 等于(　　)。

　　A. I_{CM}　　　　　　B. I_{CEO}　　　　　　C. I_{CBO}　　　　　　D.0

17.在实际调整三极管放大电路的静态工作点时,一般是以(　　)为准。

　　A. I_{BQ}　　　　　　B. I_{CQ}　　　　　　C. U_{CEQ}　　　　　　D. U_{BEQ}

18.三极管是一种(　　)的半导体器件。

　　A.电压控制型　　　　　　　　　　　B.电流控制型

　　C.功率控制型　　　　　　　　　　　D.电压电流双重控制型

19.放大器放大输入信号的能量来源于(　　)。

　　A.直流电源　　　　B.三极管　　　　　C.交流信号源　　　　D.负载

20.在三极管放大电路中,输入耦合电容是利用电容的(　　)。

 A.滤波作用   B.充、放电规律   C.隔交通直特性 D.隔直通交特性

21.某放大器的电压增益是 100 dB,若用电压放大倍数表示则是(　　)。

 A.1 000   B.100 000   C.10 000   D.100

22.某放大器将信号放大了 50 dB,若用功率放大倍数表示则是(　　)。

 A.1 000   B.1 000 000   C.100 000   D.100

23.在分压偏置电路中,若环境温度上升,通过发射极电阻 R_e 的调节会引起(　　)。

 A. U_{be} 增大   B. I_B 增大

 C. I_B 减小   D. U_{CE} 增大

24.阻容耦合方式的多级放大器(　　)。

 A.只能传递直流信号   B.只能传递交流信号

 C.直流交流信号均能传递   D.直流交流信号均不能传递

25.由于放大电路的输入输出信号极性相同,电压幅度也近似相等,这种电路常称为射极跟随器,它属于(　　)的组态。

 A.共发射极   B.共基极   C.共集电极   D.共基共射组合

26.如图 2-11 所示为 NPN 型单管共射放大电路的输入波形 u_i 与输出波形 u_o,则该电路发生的失真类型是(　　)。

 A.截止失真   B.饱和失真

 C.交越失真   D.既有饱和失真,也有截止失真

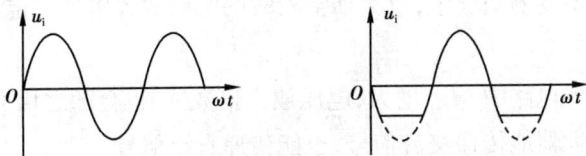

图 2-11

27.NPN 型单管共射放大电路在输入正弦信号时,输出电压波形仅出现饱和失真的是(　　)。

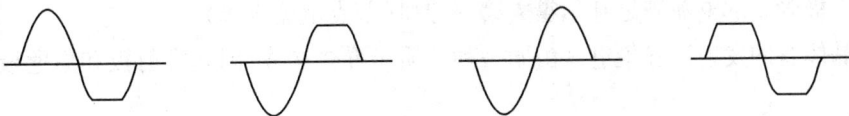

A.   B.   C.   D.

28.共集放大电路(又称射极跟随器)输出电压与输入电压的相位差为(　　)。

 A.-90°   B.0°   C.90°   D.180°

三、判断题

1.三极管由两个 PN 结构成,所以可选用两个二极管来构成一个三极管。 (　　)

2.在实际使用中,若两三极管其余的参数大致相当,功率较大的三极管可以代替功率

较小的三极管。   （   ）

3.三极管工作在放大状态时,集电结反偏,发射极正偏,对于 PNP 型三极管来讲则有: $V_c > V_b > V_e$。   （   ）

4.三极管的集电极 c 和发射极 e 可以交换使用。   （   ）

5.在放大电路中,其他参数不变,若 R_c 越大,则三极管越容易进入饱和状态。 （   ）

6.在 $R×1$ k 挡测量三极管质量好坏时,若测得 $R_{be} = 20$ kΩ,$R_{ce} = 5$ kΩ,说明这只三极管已经损坏。   （   ）

7.用指针式万用表对两只三极管的 $β$ 进行估测时,在相同条件下,指针摆动大的一只的 $β$ 值较大。   （   ）

8.共发射极放大电路的输入电阻较小,输出电阻较大,电压放大倍数较高,且输入输出信号的相位相同。   （   ）

9.在调试放大器的静态工作点时,输出波形出现两边同时失真,说明静态工作点已经调试合适了,要消除这种失真应该减小输入信号的幅度。   （   ）

10.要实现放大器与负载的阻抗匹配,应该选择阻容耦合的放大器。   （   ）

11.阻容耦合放大器的优点是各级静态工作点相互独立,便于调试和维修。缺点是信号的频率较高时,输入输出耦合电容的衰减会很大,从而影响信号的传递,不利于放大。
                                                           （   ）

12.在其他条件不变的情况下,放大器空载时的电压放大倍数一定比带上负载时高。
                                                           （   ）

13.在分压式偏置电路中,I_{EQ} 增大,电压放大倍数 A_u 也会随之增大。   （   ）

14.直接耦合放大器能传递交流信号,也能传递直流信号。   （   ）

15.多级放大器的通频带比其中的任意一级放大器的通频带都宽。   （   ）

16.三极管的放大原理是:用微小变化的基极电流去控制较大变化的集电极电流。
                                                           （   ）

17.三极管内部电流满足基尔霍夫第一定律(节点电流定律)。   （   ）

18.晶体管的发射区和集电区由同一种杂质半导体构成,因此发射极和集电极可以互换使用。   （   ）

19.某工作于放大状态的晶体三极管,已知基极电流为 0.04 mA,$β=50$,则发射极电流约等于集电极电流,为 20 mA。   （   ）

20.单管共射放大电路的输出电压信号与输入电压信号相位相反。   （   ）

21.单管放大电路采用分压式偏置方式,主要目的是提高输入电阻。 （   ）

22.单管共射极放大器的输出电压与输入电压相位相同。   （   ）

23.三极管的电流放大作用就是将基极电流 I_B 放大为集电极电流 I_C。 （   ）

24.三极管的穿透电流 I_{CEO} 越小,则三极管的热稳定性越好。   （   ）

四、简答题

1.在三极管内部,基区、集电区和发射区各有何特点?

2.放大器电路为什么要设置合适的静态工作点?

3.有两只三极管,A 三极管的 $\beta = 100$,$I_{\mathrm{CEO}} = 200\ \mu\mathrm{A}$;B 三极管的 $\beta = 60$,$I_{\mathrm{CEO}} = 20\ \mu\mathrm{A}$,其余参数大致相同。在使用时哪一只三极管更合适,为什么?

4.简述分压式偏置电路稳定静态工作点的原理,以温度升高为例。(选做题)

5.在分析放大电路时,如何画交流通路和直流通路?

6.共射极放大器有何特点?

7.为什么要求放大器的输入电阻要尽可能大一点?

8.为什么要求放大器的输出电阻越小越好?

9.分压式偏置电路的发射极电阻 R_e 上并联一个电容,这个电容的名称是什么? 若将这个电容开路后会出现什么现象,为什么?(选做题)

10.若在射极跟随器的发射极电阻 R_e 上并联一个电容,会不会让电压放大倍数增大?为什么?（选做题）

11.在分压偏置电路中,若与 R_e 并联的电容出现短路故障,电路的静态工作点还能稳定吗? 为什么?（选做题）

五、作图题

1.试画出分压式偏置电路的原理图,并画出交流通路和直流通路。

2.画出图 2-12 的交流通路和直流通路。

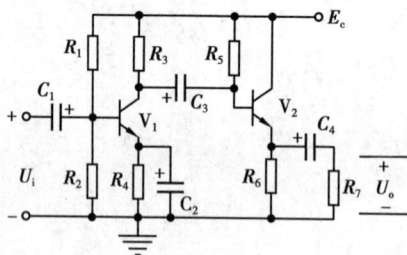

图 2-12

3.改正图 2-13 中的错误,使电路能正常地放大信号。

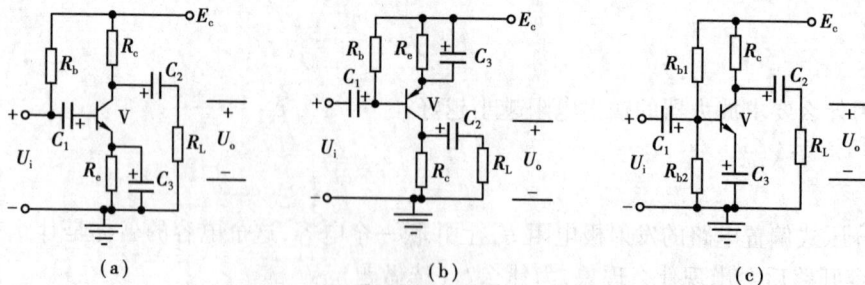

图 2-13

4.试画出三极管的输入输出特性曲线,并标出相应的区域。

六、计算题

1.如图 2-14 中各三极管工作在放大状态,试判断它们的类型、材料和引脚。

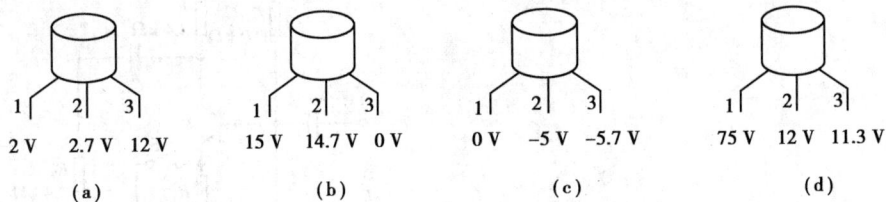

(a)	(b)	(c)	(d)
1 2 3	1 2 3	1 2 3	1 2 3
2 V 2.7 V 12 V	15 V 14.7 V 0 V	0 V −5 V −5.7 V	75 V 12 V 11.3 V

图 2-14

2.请判断图 2-15 中三极管的工作状态。

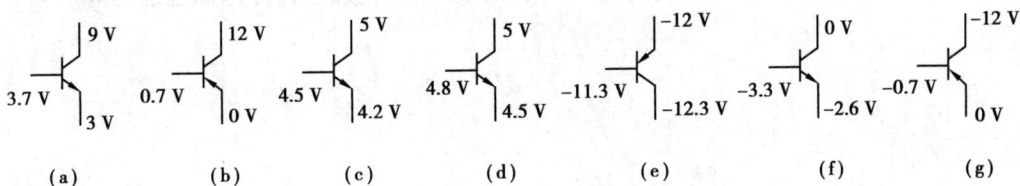

(a) (b) (c) (d) (e) (f) (g)

图 2-15

3.已知 $\beta = 100$,请计算出图 2-16 所示电路的静态工作点,画出交流通路,计算出电压放大倍数 A_u,输入电阻 r_i,输出电阻 r_o。

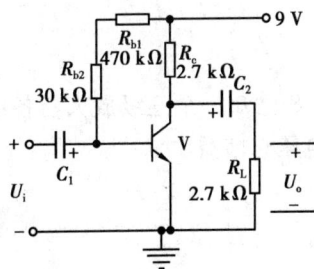

图 2-16

4.在图 2-16 中,由于原三极管损坏,现更换了一只 $\beta = 240$ 的三极管,请问这个放大电路还能正常地放大信号吗? 为什么?

5.在图 2-17 中,已知 $\beta = 200$,请分析该电路的静态工作点是否合适,并计算开关 S 闭合和断开时的电压放大倍数。

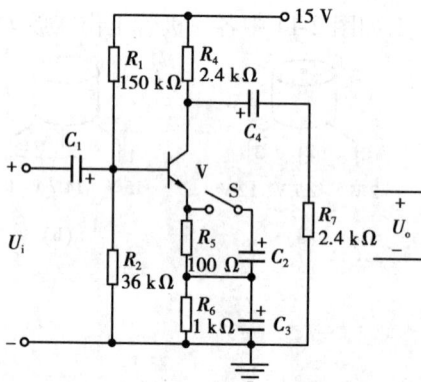

图 2-17

6.在图 2-17 中,$\beta = 100$,若要求将 U_{CEQ} 调到 6.3 V,请通过计算选择合适的 R_b。

7.实际绘得一个电子产品的部分原理图及元件参数如图 2-17 所示,但 R_1 上的色环已脱落,无法识别,经测得 $U_{CE} = 4.5$ V,请计算出 R_1 的实际阻值。

8.已知一个三级放大器各级电压放大倍数为 40、50、50,求放大器的电压总放大倍数和电压总增益。

9.已知一放大器的输出电阻为 2 kΩ,空载时输出电压为 10 V,该放大器在带上一个 10 kΩ 的负载时,输出电压应为多少?

10.如图 2-18 所示的分压式偏置放大电路中,已知 $R_{b1} = 20$ kΩ,$R_{b2} = 40$ kΩ,$R_c = 1$ kΩ,$R_e = 4$ kΩ,$R_L = 8$ kΩ,$V_{cc} = 24$ V,三极管 $\beta = 100$,U_{BEQ} 忽略不计,求静态工作点和电压放大倍数。

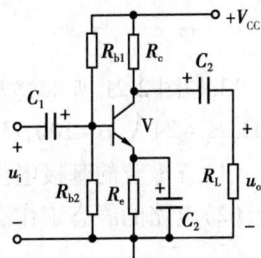

图 2-18

11.在如图 2-19 所示放大电路中,已知晶体管的 $\beta = 100$,$R_c = 2$ kΩ,$E_c = 12$ V,U_{BEQ} 忽略不计。

(1)若测得静态管压降 $U_{CEQ} = 6$ V,求 I_{CQ},I_{BQ},R_b;

(2)若测得 u_i 和 u_o 的有效值分别为 1 mV 和 100 mV,求电路的电压放大倍数 A_u。

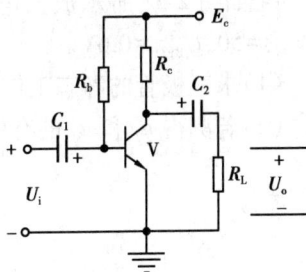

图 2-19

12.如图 2-20 所示放大电路中,已知晶体管的 $\beta = 100$, $R_b = 400$ kΩ, $R_c = 2$ kΩ, $E_c = 12$ V, U_{BEQ} 忽略不计。

(1)求电路的静态工作点 I_{BQ}、I_{CQ}、U_{CEQ};

(2)因调节 R_b,该电路静态工作点发生了改变。当输入正弦信号 U_i 时,输出信号 U_o 的波形如图所示,试判断是何种失真?

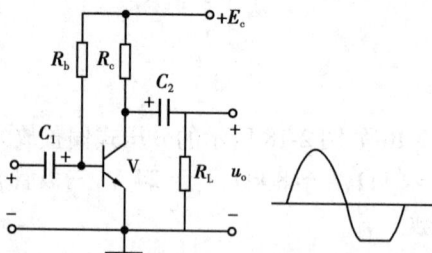

图 2-20

13.如图 2-21 所示放大电路,已知 $R_{b1} = 40$ kΩ, $R_{b2} = 20$ kΩ, $R_c = 1$ kΩ, $R_e = 4$ kΩ, $R_L = 8$ kΩ, $E_c = 24$ V, $\beta = 100$, $U_{BEQ} = 0.7$V。求:

(1)三极管的基极电位 U_{BQ}、发射极电位 U_{EQ};

(2)电路的静态工作点 I_{BQ}、I_{CQ} 和 U_{CEQ}。

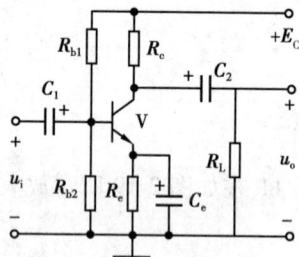

图 2-21

14.如图 2-22 所示放大电路,已知 $R_{b1} = 20$KΩ, $R_{b2} = 10$ kΩ, $R_c = R_e = R_L = 2$ kΩ, $E_c = 12$V, $\beta = 50$, $U_{BEQ} = 0.6$V。

(1)求三极管的静态工作点 U_{BQ}、U_{EQ}、I_{EQ}、I_{BQ};

(2)若测得 u_i 和 u_o 的有效值分别为 10 mV 和 0.5 V,求电压放大倍数 A_u 的大小。

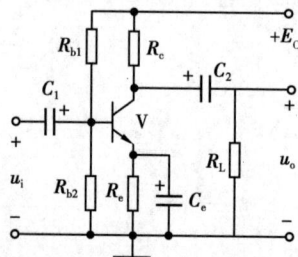

图 2-22

自我检测题

一、填空题

1.三极管按结构可分_____型和_____型,都由两个 PN 结构成,分别称为_____和_____。

2.温度每上升一度,三极管的发射极电压 U_{BE} 将下降_____mV。

3.测得大功率三极管 3DD15D 的 I_B 为 50 mA,β 为 30 倍,则 I_C =_____,I_E =_____。

4.硅三极管的死区电压约为_____V,导通电压约为_____V。

5.三极管工作在放大状态的条件是_____,为满足这一条件 PNP 型三极管的各电极电位应满足_____。

6.在用指针万用表测量三极管时,若是红表笔找到的基极,则该三极管是_____型,若是用黑表笔找到的基极,则该三极管是_____型。

7.设置静态工作点的目的是为减小_____失真,给三极管的发射结加上_____,使三极管静态时工作于放大状态。

8.三极管的放大原理:由于_____的变化,使_____发生更大的变化,即用微小的_____变化去控制了_____较大的变化。

9.多级放大器的耦合方式有_____、_____和_____。其中,能实现阻抗匹配的耦合方式是_____,不能实现前后级静态工作点相互独立的耦合方式是_____。

10.在共基极、共发射极和共集电极 3 种放大器中,若要求既有较大的电压放大倍数,又要有较大的电流放大倍数,则应该选择_____;若要求最大程度降低信号源的负担,则应选择_____;若要求具备较强的带负载能力则应选择_____;若要想对频率极高的信号进行放大则应选择_____。

11.工作在放大状态的三极管可作为_____器件使用;工作在饱和和截止状态的三极管可作为_____器件使用。

二、判断题

1.三极管的发射区和集电区是由同一类半导体材料(N 型或 P 型)构成的,所以集电极和发射极可以调换使用。（　　）

2.发射结正向偏置的三极管一定工作在放大状态。（　　）

3.放大电路的电压放大倍数随负载 R_L 而变化,R_L 越大,电压放大倍数越大。（　　）

4.三极管工作在截止状态时,c、e 间电阻等效为无穷大,相当于开关断开。（　　）

5.造成放大器工作点不稳定的主要因素是电源电压波动。（　　）

6.实际放大电路常采用分压式偏置电路,这是因为它的输入阻抗大。（　　）

7.分析多级放大电路时,可以把后级放大电路的输入电阻看成前级放大电路的负载。

（　　）

8.射极输出器的电压放大倍数约为1,对电压信号没有放大能力,但输入电阻很大,输出电阻很小,因此在电路中常常用作输入、输出级。 （　　）

9.在固定偏置放大电路中,若出现饱和失真,可以通过减小 R_b 来解决。 （　　）

10.在分压式偏置电路中,测得 $U_{CE} = E_C$,则说明三极管工作于饱和状态。 （　　）

三、选择题

1.放大电路工作在动态时,为避免失真,发射结电压直流分量和交流分量的大小关系通常为(　　)。

　　A.直流分量大　　　　B.交流分量大　　　　C.交直流量相同　　　D.无法比较

2.在下图中,三极管工作在放大状态的是(　　)。

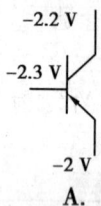 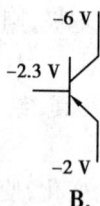 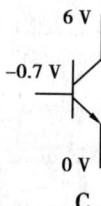 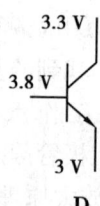

　　A.　　　　　　　　B.　　　　　　　　C.　　　　　　　　D.

3.用示波器观察正常工作的单管基本共发射极放大电路的波形,基极波形和集电极波形的相位应该是(　　)。

　　A.同相　　　　　　B.反相　　　　　　C.相差 90°　　　　D.不一定

4.直接耦合多级放大器中,(　　)的说法是不正确的。

　　A.放大直流信号　　　　　　　　B.放大缓慢变化信号

　　C.便于集成化　　　　　　　　　D.各级静态工作点互不影响

5.影响放大电路静态工作点稳定的主要因素是(　　)。

　　A.三极管的 β 值　　　　　　　B.三极管的死区电压

　　C.放大信号的频率　　　　　　　D.工作环境的温度

6.在分压式偏置电路中,输出波形如图 2-23 所示,引起波形失真的原因是(　　)。

　　A.Q 点过低　　　　　　　　　B.Q 点过高

　　C.输入信号过大　　　　　　　D.电源电压过高

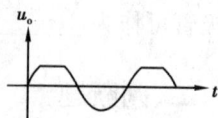

图 2-23

7.根据三极管的频率特性不同,可将三极管分为(　　)。

　　A.放大管和开关管　　　　　　　B.大功率管、中功率管和小功率管

　　C.硅管和锗管　　　　　　　　　D.高频管和低频管

8.在三极管放大电路中,输入耦合电容是利用电容的(　　)。

　　A.滤波作用　　　　　　　　　　B.充、放电规律

　　C.隔交通直特性　　　　　　　　D.隔直通交特性

9.放大器 3 种组态都具有(　　　)。

　　A.电流放大作用　　　　　　　　　　B.电压放大作用

　　C.功率放大作用　　　　　　　　　　D.储存能量作用

10.放大器输入电压为 2 mV,输出电压为 2 V,该放大器电压放大倍数和电压增益分别为(　　　)。

　　A.100,30 dB　　　　B.1 000,60 dB　　　　C.1 000,30 dB　　　　D.100,60 dB

11.测得放大电路中某 NPN 型硅三极管的 c、b、e 极电位分别为 12 V、6.7 V、6 V,则此三极管的工作状态为(　　　)。

　　A.截止　　　　　　B.饱和　　　　　　C.放大　　　　　　　D.过耗

四、简答题

1.在选用三极管时,主要应考虑哪些参数? 这些参数有什么意义? 应该怎么选择合适的三极管?

2.简述三极管放大器的 3 种组态及各自的特点。

五、作图题

1.画出三极管放大器 3 种组态的基本电路图。（选做题）

2.试画出图 2-24 所示电路的交流通路和直流通路。

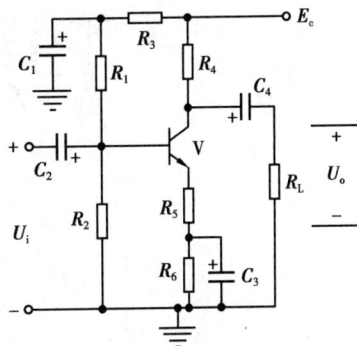

图 2-24

六、计算题

1.在图 2-25 中，$\beta = 100$，$U_{BEQ} = 0.7\ V$，其他参数如图所示。求：①电路的静态工作点。②电压放大倍数。③输入、输出电阻。

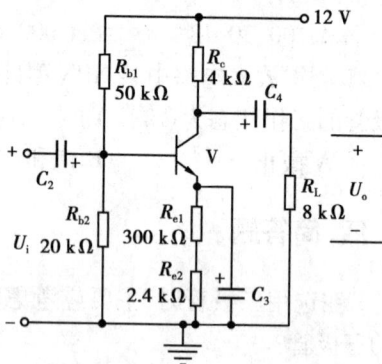

图 2-25

2.在图 2-26 中，$\beta = 200$，U_i 是频率 1 kHz，幅度为 50 mV 的正弦波信号。测得集电极负载电阻 R_c 两端电压为 4.2 V，信号源为标准正弦波，其余参数见图中的标注。求：①R_{b2} 的值。②输出电压 U_o 的幅度和频率。

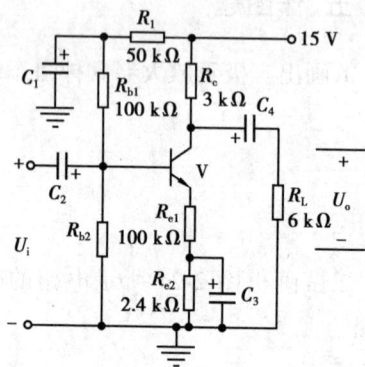

图 2-26

第三章　常用放大器

学习目标

(1)掌握集成运放的组成;

(2)了解差动放大器的主要作用、结构和基本工作原理;

(3)掌握负反馈的概念和结构,学会判断负反馈的类型;

(4)了解负反馈对放大器性能的影响;

(5)掌握同相比例、反相比例运算放大器的电路结构和计算方法;

(6)理解加法器、减法器的电路结构,会简单的计算;

(7)了解电压比较器的结构、工作原理及应用范围;

(8)掌握 OCL、OTL 放大器的基本电路结构、工作原理,会计算各类电路的输出电压;

(9)了解集成功率放大器;

(10)了解场效应管的工作原理、种类及基本放大电路;

(11)了解调谐放大器的作用、种类、基本工作原理。

知识要点

一、集成运算放大器及应用

1.集成运放的结构

集成运算放大器是利用集成电路工艺制成的具有高放大倍数的直接耦合放大器,其内部结构框图如图 3-1 所示,一般由输入级、中间级、输出级、偏置电路 4 部分组成。

①各个组成部分的构成、作用及特点见教材中的叙述,这里不重复介绍。

②集成运放的输入级一般采用差动放大器(又称为差分放大器),可较好地解决直接耦合放大器的零点漂移问题。

所谓零点漂移,是指放大器在没有输入信号时,输出端静态电压出现忽大忽小、忽快忽慢的无规则变化的现象。零点漂移通常简称零漂。零漂现象与温度变化、电源电压波动、电路元件老化等因素有关。

2.基本差动放大器

①电路结构:基本的差动放大器由两个参数完全对称的基本放大器构成,信号由两个三

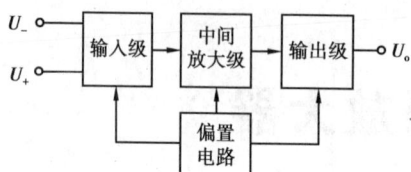

图 3-1

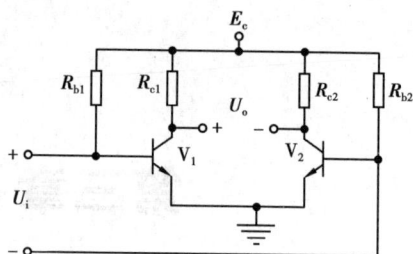

图 3-2

极管的基极同时输入,从两个三极管的集电极同时输出。基本差动放大器如图 3-2 所示。

②抑制零漂的原理:差动放大器采用了对称的电路形式,当温度变化引起零漂时,由于电路的对称性,两边的零漂是同相的,在输出端会相互抵消,使输出电压的变化量等于零,从而完全抑制了零漂。

③正确理解共模信号、差模信号的定义,以及共模抑制比的含义,对同学们掌握和应用集成运放至关重要。共模信号是无用的干扰信号,必须设法抑制;差模信号是从信号源输入至放大器的有用信号,必须采取保护措施使其能够得到应有的放大。

3. 集成运放的符号

集成运算放大器的符号有两个输入端,分别是同相输入端(用"+"或"P"表示)和反相输入端(用"-"或"N"表示),一个输出端。

4. 理想集成运算放大器的主要参数

开环差模电压放大倍数:$A_{ud} = \infty$;

开环差模输入电阻:$r_i = \infty$;

开环差模输出电阻:$r_o = 0$;

共模抑制比:$CMRR = \infty$;

开环带宽:$f_{bw} = \infty$。

5. 理想集成运放的特点

①两输入端电位相等,即 $u_P = u_N$,称为"虚短"。虚短的必要条件是运放引入深度负反馈。

②两个输入端的电流均等于零,即 $i_P = i_N = 0$,称为"虚断"。

"虚短"和"虚断"是分析集成运放电路的两个重要依据。在分析集成运放的各种应用电路时,利用这两个概念可以很方便地推导出某些电路的输出——输入关系,给解决问题带来了很大的方便。

6. 集成运放的应用

①引入深度负反馈构成比例(线性)放大器,用于对交、直流小信号的放大。

②开环运用或引入正反馈,构成电压比较器,用于比较两个信号的大小。

当集成运放开环(没有反馈)运用时,可以构成过零比较器和任意电压比较器,这两种统称为单限电压比较器。其中,过零比较器是任意电压比较器的特例。分析要点是:$u_P > u_n$,$u_o = +U_{OPP}$;$u_P < u_n$,$u_o = -U_{OPP}$。主要用于 A/D(模数)转换、波形变换等场合。

③使用集成运放的注意事项有 6 点,详见教材。

7.比例运算放大器

由运放构成的基本放大器有反相比例运算放大器和同相比例运算放大器。这两种电路的相关特点见表 3-1。

表 3-1　反相比例放大器与同相比例放大器比较

比较项目 ＼ 放大器名称	反相比例放大器	同相比例放大器
电路结构	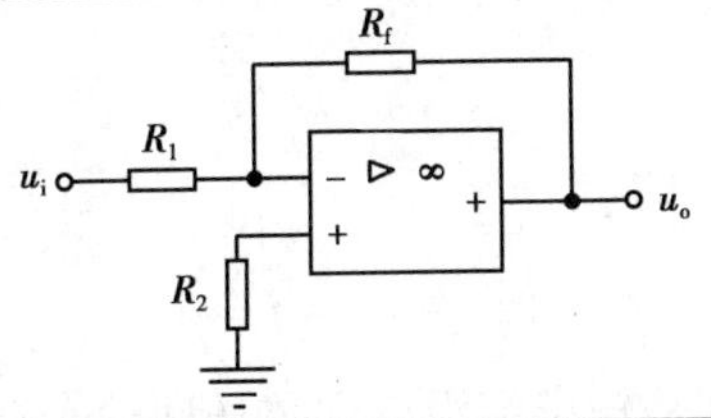	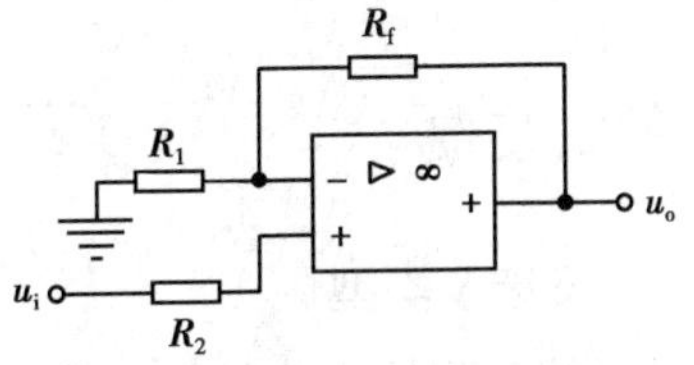
主要特点	①信号由反相输入端输入;输出信号与输入信号相位相反 ②采用电压并联负反馈 ③$u_p = u_n = 0$;$i_p = i_n = 0$,反相输入端又称为"虚地" ④$R_2 = R_1 // R_f$, $R_1 = R_f$ 时,电路成为反相器	①信号由同相输入端输入;输出信号与输入信号相位相同 ②采用电压串联负反馈 ③$u_p = u_n$;$i_p = i_n = 0$ ④$R_2 = R_1 // R_f$,R_1 开路后时,电路成为电压跟随器
电压放大倍数	$A_u = -\dfrac{R_f}{R_1}$	$A_u = 1 + \dfrac{R_f}{R_1}$
r_i	低($r_i = R_1$)	高(理想时为 ∞)
r_o	低(理想时为 0)	低(理想时为 0)

8.加法器和减法器

集成运放可以实现多路信号的加减法运算。加法器可以分为反相加法器和同相加法器。加法器与减法器的比较见表 3-2。

表 3-2　加法器和减法器电路比较

比较项目 ＼ 电路名称	加法器	减法器
电路结构	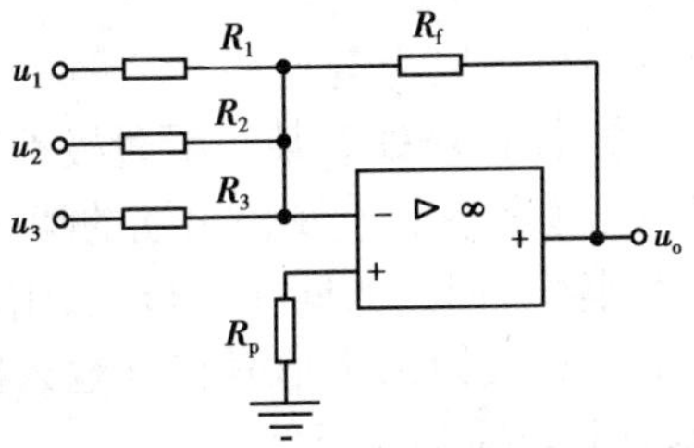	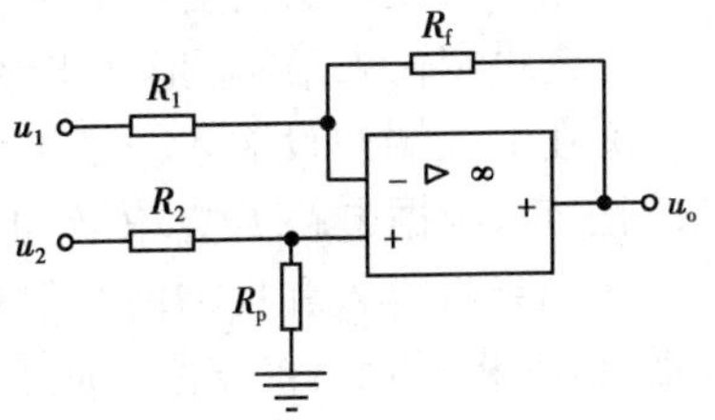

续表

电路名称 比较项目	加法器	减法器
主要特点	①多个信号同时由反相输入端输入 ②输出信号与输入信号相位相反	①信号由反相端和同相端同时输入 ②一般情况下，$R_p = R_f$
运算关系	$u_o = -R_f\left(\dfrac{u_1}{R_1} + \dfrac{u_2}{R_2} + \dfrac{u_3}{R_3}\right)$	$u_o = \dfrac{R_f}{R_1}(u_2 - u_1)$

二、反馈

1.反馈及类型

反馈是将输出信号的部分或全部从输出端沿反向传送回输入端。反馈放大器由基本放大电路和反馈网络两部分组成。

①根据反馈信号使电路的净输入量增加还是减少,可分正反馈和负反馈。在放大电路中一般情况下引入负反馈。

②根据反馈信号是直流成分还是交流成分,可分为直流反馈、交流反馈和交直流反馈。

③根据反馈信号是取自于输出电压还是输出电流,可分为电压反馈和电流反馈。

④根据反馈信号反馈回输入端的连接方式可分为串联反馈和并联反馈。

2.分立元件放大器反馈类型的判断

(1)判别有无反馈

看输入、输出回路之间是否存在反馈通路,即有无起联系作用的反馈元件、反馈网络,或看输入回路与输出回路有无共有的元件(一般是电阻器或电容器),若有,则可能存在反馈,否则没有反馈。

(2)判别交、直流反馈

电路中存在反馈,如果反馈信号仅有直流成分,则为直流反馈;如果反馈信号仅有交流成分,则为交流反馈;如果反馈信号中交、直流成分都有,则为交直流反馈。若反馈环路中有隔直耦合电容,则该反馈环只能引入交流反馈;若反馈环路中无隔直耦合电容,则该反馈环可同时引入交直流反馈。

(3)判别正、负反馈

可用瞬时极性法判别正反馈或负反馈,其步骤如下:

①先设定输入信号的瞬时极性为正(也可以为负)。

②在输入端假设输入一个正弦信号,该信号处于某一瞬时极性,用⊕、⊖号表示瞬时性的正、负,根据电路类型,依次推出电路中各有关点及输出端的瞬时极性。

③如果将输入和反馈两个信号接到输入回路的同一电极上,则两者极性相反时为负反馈,极性相同时为正反馈。如果将输入和反馈两个信号接到输入回路的两个不同的电极上,则两者极性相同时为负反馈,极性相反时为正反馈。

采用瞬时极性法判别反馈极性的原则如下:

- 共发射极电路,其输入、输出相位相反,即"射同集反"。
- 共集电极电路,其输入、输出相位相同,即基极与发射极相位相同。
- 共基极电路,其输入、输出相位相反,即发射极和集电极相位相同。

(4)判别电压、电流反馈

反馈信号取自于输出端。将输出电压短路,若反馈信号不复存在,则为电压反馈;若反馈信号仍然存在,则为电流反馈。可简单记忆为"电压、电流看输出"。

(5)判别串联、并联反馈

把输入端短路,若反馈信号同样被短路,即净输入信号为零,则是并联反馈;若反馈信号并不为零,则是串联反馈。可简单记忆为"并联、串联看输入"。

从电路结构来看,输入信号与反馈信号加在放大电路的不同输入端为串联反馈;输入信号与反馈信号并接在同一输入端为并联反馈。

共射极放大电路判别反馈类型的简便方法,见表3-3。

表3-3 共射极放大电路判别反馈类型的简便方法

输入端的接法	类型	输出端的接法	类型
反馈信号加在 e 极	串联反馈	共射电路从 c 极取反馈信号 (共集电路从 e 极取反馈信号)	电压反馈
反馈信号加在 b 极	并联反馈	共射电路从 e 极取反馈信号	电流反馈

3.集成运放反馈类型的判别

①反馈极性运用瞬时极性法判别。若 u_f 与 u_i 极性相同,为负反馈;否则为正反馈。

②并联、串联看输入。反馈元件直接接在信号输入线上是并联反馈;否则是串联反馈。

③电压、电流看输出。反馈信号直接接在输出线上是电压反馈;否则是电流反馈。

集成运放负反馈电路的类型如图3-3所示。

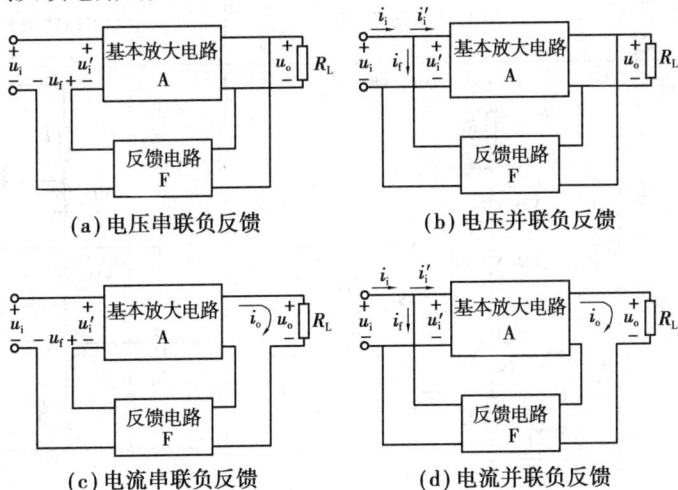

(a)电压串联负反馈　　(b)电压并联负反馈

(c)电流串联负反馈　　(d)电流并联负反馈

图 3-3

4.负反馈对放大器性能的影响

负反馈对放大器性能的影响主要有:使放大倍数下降、提高了放大器的稳定性、减小非线性失真、展宽频带、改变输入输出电阻、减小内部噪声。电压负反馈能稳定输出电压,能使输出电阻减小,提高带负载能力;电流负反馈能稳定输出电流,使输出电阻增大,因此接近于恒流源特性。串联负反馈能使输入电阻增大,减小向信号源索取的电流;并联负反馈使输入电阻减小。

三、功率放大器

1.功率放大器的任务和要求

①功率放大器的任务是对信号进行放大(包括电压放大和电流放大),以足够大的功率去驱动负载正常工作。

②对功率放大器的要求:输出功率尽可能大;效率尽可能高;非线性失真尽可能小;散热要好,具有过热、过压、过流等保护措施。

2.功率放大器的分类

按照功放管静态工作点的设置不同,功率放大器可分为甲类、乙类和甲乙类。甲类功率放大器的输出信号无交越失真,但效率很低,一般只有 30%;乙类功率放大器的效率最高,可达78.5%,但存在严重的交越失真。在实用中,一般情况下采用甲乙类功率放大器。

按照被放大信号的频率不同,功率放大器可分为低频功率放大器和高频功率放大器。

按照输出方式的不同,功率放大器可分为 OTL 功率放大器、OCL 功率放大器和 BTL功率放大器。

3.典型功率放大器

功率放大器的常见电路形式有 OCL 和 OTL 两种,见表3-4。

表 3-4 OCL、OTL 功率放大器电路形式比较

比较项目　　　电路名称	OCL 功率放大器	OTL 功率放大器
电路结构		

续表

电路名称 比较项	OCL 功率放大器		OCL 功率放大器	
主要特点	①采用正负对称双电源供电 ②采用直接耦合输出 ③中点电压为 0 V		①采用单电源供电 ②采用电容耦合输出 ③中点电压为 $1/2E_c$	
输出功率	$P_o = \dfrac{E_c^2}{2R_L}$	比较高	$P_o = \dfrac{E_c^2}{8R_L}$	比较低
功放管导通状态	微导通		微导通	
交越失真	无		无	
最大管耗	$0.2P_{om}$		$0.2P_{om}$	
理想效率	50%~78.5%		50%~78.5%	
适用范围	输出功率较大的场合		输出功率较小的场合	

4.复合管的组合原则

①复合前后各只三极管的各电极电流方向正确且不相互抵触。

②复合管的类型与前一只三极管类型相同。

③复合管的电流放大系数为两只三极管电流放大系数的乘积。

5.集成功率放大器

教材中介绍了几种集成功率放大器,使用时应注意集成块的参数、引脚功能及外围元件的作用。

6.场效应管放大器

场效应管是一种电压控制器件,具有输入阻抗高、噪声低等特点,特别适合用作放大器的输入级。表 3-5 列出场效应管的种类和符号。

表 3-5 场效应管的种类和符号

种 类		符 号
结型	N 沟道	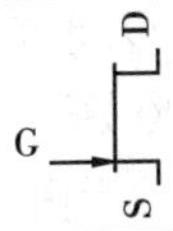
	P 沟道	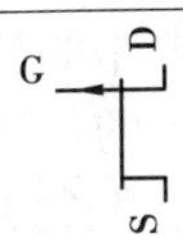

续表

种 类		符 号
绝缘栅型	增强型 N 沟道	
	增强型 P 沟道	
	耗尽型 N 沟道	
	耗尽型 P 沟道	

场效应管放大器有共源极和共漏极放大器。场效应管放大器也需要建立合适的静态工作点,常用的有自偏压式电路和分压式偏置电路,但自偏压式电路只能提供负电压,仅适用于耗尽型 MOS 和结型场效应管。

7.调谐放大器

①调谐放大器主要应用于无线电发射机的高频放大级和无线电接收机的高频、中频放大级。

②常见的具有选频能力的调谐放大器有单调谐放大器和双调谐放大器。

用 LC 并联谐振回路去取代共射极放大器中的集电极负载 R_c,就构成一个单调谐放大器。双调谐放大器克服了单调谐放大器中选择性和通频带不能兼顾的缺点,主要是靠原边回路(L_1,C_1)的并联谐振和副边回路(L_2,C_2)的串联谐振来实现选频。双调谐放大器一般工作于临界耦合状态。

解题示例

例 3-1 电路图如图 3-4 所示,输入信号为 100 mV,求:①当 R_P 滑到最左端时输出电压 U_o 的幅度。②要使输出电压达到 -4.5 V,R_P 应调到多少欧姆。

【分析】 对于由运放构成的电路,首先要能够正确识别电路的类型,找到公式中的元件在实际电路图中的位置,然后再根据公式进行计算。本题是一个典型的反相比例运算放大器。

解:①当 R_P 滑到最左端时,电路中 R_f 的值就是 R_2 的值,所以,先计算出电路的电压放大

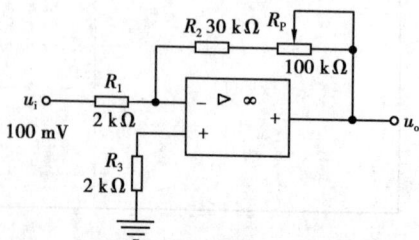

图 3-4

倍数,再计算出输出电压的值。有:

$$A_{u1} = -\frac{R_f}{R_1} = -\frac{R_2}{R_1} = -\frac{30 \text{ k}\Omega}{2 \text{ k}\Omega} = -15$$

$$u_o = A_u u_i = -15 \times 100 \text{ mV} = -1.5 \text{ V}$$

②要求输出电压为-4.5 V,求R_f的大小,应先依据输入输出电压的值计算出电压放大倍数,再求R_f的值。

$$A_{u2} = \frac{u_o}{u_i} = \frac{-4.5 \text{ V}}{100 \text{ mV}} = -45$$

$$R_f = -A_u R_1 = -(-45) \times 2 \text{ k}\Omega = 90 \text{ k}\Omega$$

$$R_P = R_f - R_2 = 90 \text{ k}\Omega - 30 \text{ k}\Omega = 60 \text{ k}\Omega$$

例 3-2 电路如图 3-5 所示,求输出电压 u_o 的值。

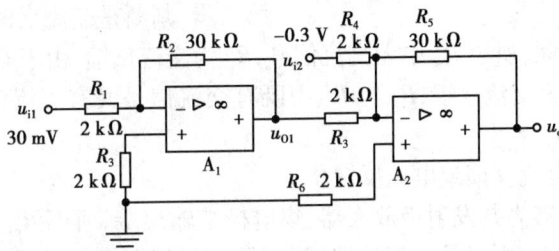

图 3-5

【分析】 本题是一个两级集成运算放大器,第一级是反相比例运算放大器,第二级是反相加法器,在计算时,应从前至后逐级计算。

解:先计算第一级的输出电压:$u_{o1} = u_i A_u = u_i\left(-\frac{R_2}{R_1}\right) = 30 \text{ V} \times \left(-\frac{30 \text{ k}\Omega}{2 \text{ k}\Omega}\right) = -0.45 \text{ V}$

第一级的输出电压 u_{o1} 作为第二级的输入电压之一,将 u_{o1} 和 u_{i2} 代入加法器的计算公式,得:$u_o = -R_5\left(\frac{u_{i1}}{R_1} + \frac{u_{i2}}{R_2}\right) = -30 \text{ k}\Omega \times \left(\frac{-0.45 \text{ V}}{2 \text{ k}\Omega} + \frac{-0.3 \text{ V}}{2 \text{ k}\Omega}\right) = 11.25 \text{ V}$。

例 3-3 试指出如图 3-6 所示电路中的反馈类型。

【分析】 一般根据以下步骤判断反馈的类型:第一步,先找出电路是否存在反馈,有反馈就找出反馈元件。第二步,利用瞬时极性法判断是正反馈、是负反馈。第三步,判断是交流、直流反馈。第四步,判断电压、电流反馈。第五步,判断串联、并联反馈。

解:第一步,判断电有无反馈,并找出反馈元件。

在第一级放大电路中 R_{e1},R_{e2} 存在于电路的公共端,所以是反馈元件;在第二级放大电路中 R_{e3} 既存在于输入回路又存在于输出回

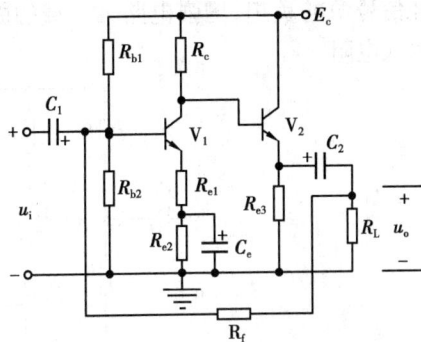

图 3-6

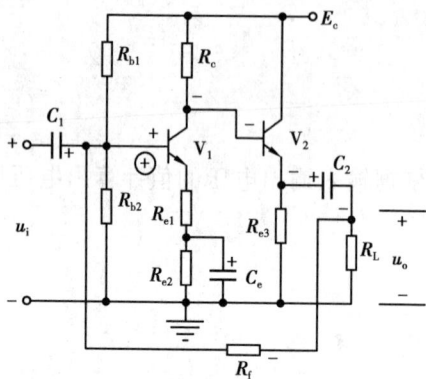

图 3-7

路,所以是反馈元件;在第一级与第二级放大电路之间 R_f 的跨接于电路的输入端与输出端之间,所以是反馈元件。

第二步,判断是正反馈或负反馈。

下面以 R_f 为例说明瞬时极性法的运用。设 V_1 的基极电位为"+",V_1 的集电极电位为"−",V_2 的基极电位为"−",V_2 的发射极电位为"−",经 R_f 反馈回 V_1 的基极电位为"−",反馈信号反馈到基极且与输入信号极性相反,所以 R_f 为负反馈,极性标示如图 3-7 所示。同样方法可判断出 R_{e1},R_{e2} 和 R_{e3} 均为负反馈。

第三步,判断是交流反馈或直流反馈。

由于 C_e 与 R_{e2} 并联,所以 R_{e2} 中无交流信号,R_{e2} 为交流反馈;由于 C_2 的隔直作用,所以 R_f 中无直流信号,R_f 为交流反馈;R_{e1} 与 R_{e3} 中既有交流信号又有直流信号,所以 R_{e1} 与 R_{e3} 是交直流反馈。

第四步,判断是电流反馈或电压反馈。

由于第一级放大器为共发射极放大器,集电极是输出端,所以 R_{e1}、R_{e2} 存在于公共端,没有直接接在输出端上,所以是电流反馈;第二级是共集电极放大器,发射极是电路的输出端,R_f、R_{e3} 均直接接在输出端上,所以是电压反馈。

第五步,判断是串联反馈或并联反馈。

由于第一级放大器为共发射极放大器,基极是输入端,所以 R_{e1}、R_{e2} 存在于公共端,没有直接接在输入端上,所以是串联反馈;第二级是共集电极放大器,基极是电路的输入端,R_{e3} 没有直接接在输入端上,所以是串联反馈;R_f 的直接接在输入端(V_1 的基极)是并联。

综上所述,R_{e1} 是电流串联负反馈,反馈信号是交直流信号;R_{e2} 是电流串联负反馈,反馈信号是直流信号;R_{e3} 是电压串联负反馈,反馈信号是交直流信号;R_f 是电压并联负反馈,反馈信号是交流信号。

例 3-4 在图 3-8(a)中,引入能满足要求的负反馈。要求:①要求引入级间反馈,能减轻信号源的负担,增强电路带负载的能力。②要求引入极间反馈,能稳定输出电流,减小输入电阻。

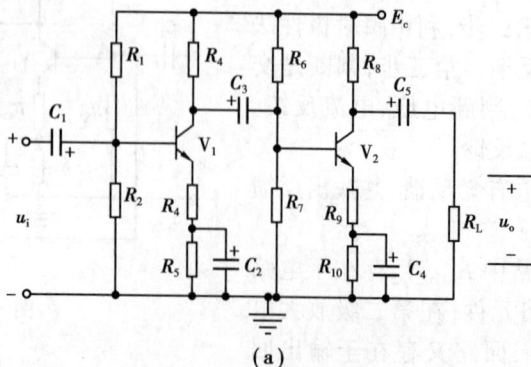

(a)

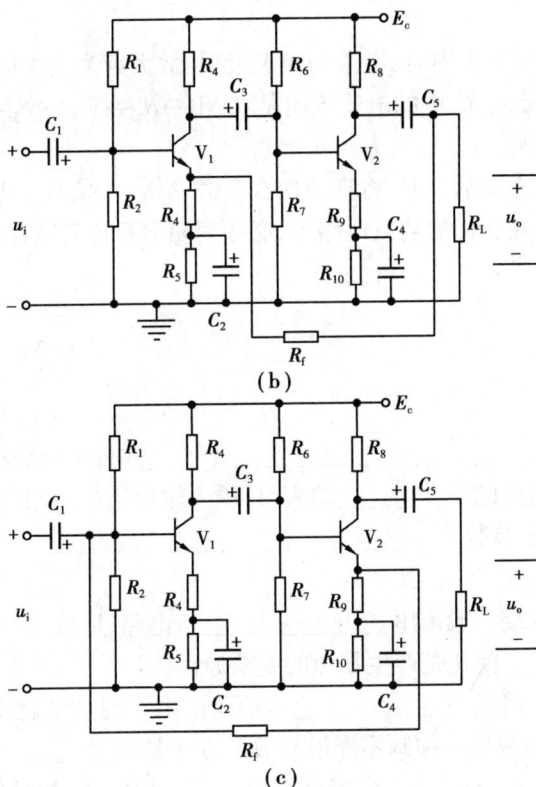

（b）

（c）

图 3-8

【分析】 根据要求引入负反馈是在实际工作中经常遇到的问题,本题主要考查负反馈对放大器性能的影响这一知识点。

解: ①串联负反馈能增大放大器的输入电阻,减小信号源的负担;电压负反馈能减小输出电阻,增强电路带负载的能力,所以应引入电压串联负反馈,如图 3-8(b)所示。

②电流负反馈能稳定输出电流,并联负反馈能减小输入电阻。所以引入电流并联负反馈,如图 3-8(c)所示。

例 3-5 电路原理如图 3-9 所示,请回答以下问题:①电路中功放三极管按静态工作点来分,工作于哪一种方式?②R_2 与 VD_1 的作用是什么?③试分析输入信号在正半周时,电路的工作原理。④试分析 V_2 的 c、e 极击穿后的后果。

【分析】 本题主要考查对 OCL 电路的知识。

解: ①由于电路中利用 R_2 与 VD_1 作为功放管 V_2、V_3 的静态偏置电路,使功放管 V_3 处于微导通,所以本电路的功放三极管工作在甲乙类状态。

②R_2 与 VD_1 的主要作用是给功放管 V_2、V_3 提供偏置电压,使其工作于微导通(甲乙)状态。VD_1 还具有温度补

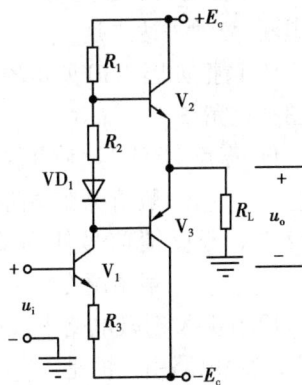

图 3-9

偿作用。

③当输入信号 u_i 为正半周时,经激励级 V_1 倒相放大后为负半周,V_1 的集电极电位下降,V_2 截止,V_3 导通,负载 R_L 中的电流流向是:$GND \rightarrow R_L \rightarrow V_{3e} \rightarrow V_{3c} \rightarrow -E_c$,形成回路,负载 R_L 得到负半周的信号。

④若 V_2 的 c、e 极击穿后,$+E_c$ 将直接加在负载两端,在负载上形成极大的直流电流,负载将被烧坏。所以,在实用的功放电路中,必须对负载采取有效保护措施。

课堂练习题

一、填空题

1.集成运放由_____、_____、_____和偏置电路组成。

2.当信号从集成运放的_____输入时,输入输出信号的相位相同。

3.集成运放的理想参数是_____、_____、_____、_____和开环带宽 f_{bw} 无穷大。

4.集成运放的输入级一般采用_____电路,以减小"零漂"对输出的影响。

5._____变化是产生零漂的主要原因。

6.零漂是指放大电路_____为零时,由于温度变化等因素导致直接耦合放大器输出电压为零的现象。抑制零漂最有效的方法是采用_____。

7.共模信号是指大小_____,极性_____的信号,常见的共模信号是温度变化所引起的电路参数变化。差模信号是指大小_____,极性_____的信号,有用信号就是差模信号。

8.共模抑制比 K_{CMR} 是指放大器对_____信号的电压放大倍数 A_{ud} 与对_____信号的电压放大倍数 A_{uc} 之比。即 $K_{CMR} = \dfrac{A_{ud}}{A_{uc}}$。$K_{CMR}$ 越大越好,理想状态为_____。

9.分析集成运放的两个重要依据是:①_____,数学表达式为 $u_P = u_N$;②虚断,数学表达式是_____。

10.请把如图 3-10 所示的反馈放大电路框图补充完整。

11.若反馈信号使净输入量增强是_____,一般情况在振荡电路将引入这种反馈。若反馈信号使净输入量减小是_____,一般情况在放大电路将引入这种反馈。

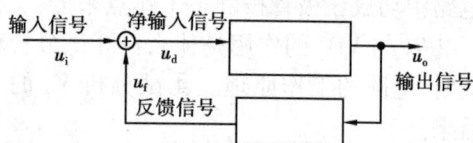

图 3-10

12.在共发射极电路中,设输入信号的极性为"+",若反馈信号反馈到发射极的极性为"+",则该电路引入的是_____反馈。若反馈信号反馈到基极的极性为"-",则该电路引入的是_____反馈。

13.电压负反馈能稳定_____,减小输出_____,提高_____。

14.在放大器中引入_____负反馈能减小信号源的负担。

15.射 极 输 出 器 也 叫 _____，是 典 型 的 _____ 负反馈放大器，它将
_____全部反馈到它的_____。它具有输入电阻_____，输出电阻_____，输
入和输出电压幅度_____、相位_____、电压放大倍数近似为_____等特点。

16.在放大器中引入_____负反馈能稳定电路的静态工作点。

17.某放大器引入负反馈前的电压放大倍数是 1 000，引入负反馈后电压放大倍数为
100，则反馈系数为_____。

18.在图 3-11 中，R_f 是_____负反馈，电路的输入输出信号的极性_____，
电路名称是_____，$u_o = $_____，$R_2 = $_____。

19.将多个输入信号同时输入集成运算放大器的反相端，将构成_____。

20.在图 3-12 中，电路名称是_____，当 $u_i > 0$ 时，输出电压 $u_o = $_____。当
$u_i < 0$ 时，输出电压 $u_o = $_____。

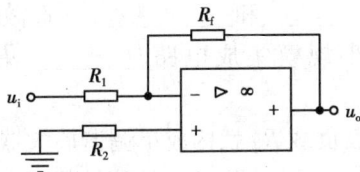

图 3-11

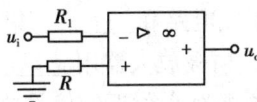

图 3-12

21.在图 3-13 中，二极管 VD_1、VD_2 的作用
是_____，当输入信号的电压幅度绝对
值超过_____ V 时将被限制。稳压二极管
VZ_1、VZ_2 的作用是_____，U_o 的信
号幅度绝对值将小于_____ V。

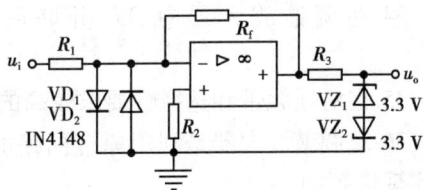

图 3-13

22. 功率放大器的功放三极管工作
于_____信号状态，所以对散热的要求较高。

23.功率放大器按工作点的高低来分，可以分为_____类，_____类，_____
类。其中失真最小，效率最低是_____类；效率最高但会产生交越失真的是_____
类；适用范围最广的是_____类。

24.OCL 功率放大器采用_____电源供电，中点电压为_____ V；OTL 功率放大
器采用_____电源供电，中点电压为_____ V，如图 3-14 所示 OTL 电路中 VT_3 的电源由
_____提供。

25.在图 3-14 中，该电路的名称是_____，V_1 的名称是_____，V_2、V_3
的名称是_____，C_2 的名称是_____，R_P 的名称是_____。若 R_P 往
上调，中点电位将_____；若 R_P 往下调，中点电位将_____，VD_1、VD_2 的作
用是_____。

26.采用_____管可以增大大功率三极管电流放大倍数，常用功放管 2SC5200 的 $\beta = $
60，2SC2073 的 $\beta = 160$，这两只三极管复合后的电流放大倍数是_____。

27. TDA2030 集成功放的①脚是＿＿＿＿＿＿，②脚是反相输入端，③脚是负电源，④脚是＿＿＿＿＿＿，⑤脚是正电源；TDA2030 集成功放可以接成＿＿＿＿＿＿电路，也可以接成 OTL 电路。

28. 场效应管是一种＿＿＿＿＿＿控制型器件，具有＿＿＿＿＿＿，噪声低等优点。场效应管的 3 只引脚分别是＿＿＿＿、＿＿＿＿和＿＿＿＿。（选做题）

29. 两只三极管复合后，若 I_B 流向管内，这只复合管的类型是＿＿＿＿＿＿。

30. 场效应管可分为＿＿＿＿＿型和＿＿＿＿＿型两大类，其中结型场效应管的＿＿＿＿＿极和＿＿＿＿＿极可以互换。绝缘栅型场效应管又分为＿＿＿＿＿＿型和＿＿＿＿＿＿型。（选做题）

31. 场效应管放大器常用的偏置电路形式有＿＿＿＿＿＿和＿＿＿＿＿＿。（选做题）

32. 集成电路按集成元件的多少可分为小规模集成电路、＿＿＿＿＿集成电路、＿＿＿＿＿集成电路和＿＿＿＿＿集成电路。

33. 在共射极放大器用＿＿＿＿＿＿取代集电极负载 R_c 就构成单调谐放大器。单调谐放大器对频率为 f_0 附近的信号放大能力＿＿＿＿＿＿，而对远离 f_0 的信号其放大能力迅速减小。

34. 在调谐放大器中，LC 并联回路的电感以抽头的形式接入电路是为了实现＿＿＿＿＿＿。

35. 在对通频带和选择性要求较高的场合，应选用＿＿＿＿＿＿。

36. 双调谐放大器是利用原边回路的＿＿＿＿＿＿谐振和副边回路的＿＿＿＿＿＿谐振来实现选频的。

37. 某 OCL 功率放大器，电源电压 $E_c = 12$ V，负载电阻 $R_L = 8$ Ω，其最大输出功率 $P_{om} = $＿＿＿＿＿＿ W。

38. 已知 OTL 功放电路的电源电压 $E_c = 12$ V，在正常工作时其输出端静态电位为＿＿＿＿＿＿ V。

39. 在 OTL 功率放大电路中，已知电源电压 $E_c = 8$ V，负载电阻 $R = 4$ Ω，（忽略三极管饱和压降 U_{CES}）。该电路的最大输出功率 P_{omax} 为＿＿＿＿＿＿ W。

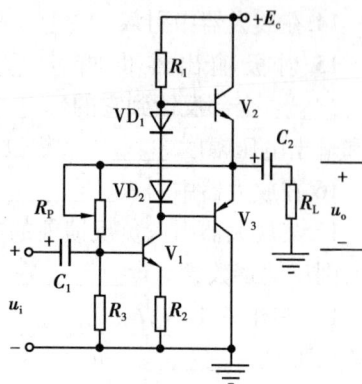

二、选择题

1. 以下选项中，（　　）不是集成运放的组成部分。
   A. 输入级　　　　　　　　　　B. 阻容耦合放大器
   C. 中间级　　　　　　　　　　D. 输出级

2. 差动放大器最主要的作用是（　　）。
   A. 电压放大倍数高　　　　　　B. 电流放大倍数高
   C. 具有选频能力　　　　　　　D. 抑制零漂

3.下列集成电路中,是集成运放的是(　　)。

　　A.LM358　　　　　　B.TDA2030　　　　　C.NE555　　　　　　D.LA76810

4.以下信号中,是差模信号的是(　　)。

　　A.温度变化　　　　　B.电源电压波动　　　C.电磁干扰　　　　　D.音频信号

5.以下信号中,是共模信号的是(　　)。

　　A.音频信号　　　　　B.图像信号　　　　　C.温度变化　　　　　D.都不是

6.集成运放产生虚断 $i_p = i_n = 0$ 现象的原因是(　　)。

　　A.共模抑制比∞　　　　　　　　　　　B.输出电阻为0

　　C.开环差模电压放大倍数∞　　　　　　D.输入电阻∞

7.(　　)能稳定放大电路的静态工作点

　　A.交流反馈　　　　　B.直流反馈　　　　　C.级间反馈　　　　　D.本级反馈

8.在图3-15中,引入了电流串联负反馈的放大器是(　　)。

9.在图3-15中,引入了电流并联负反馈的放大器是(　　)。

10.在图3-15中,引入了电压串联负反馈的放大器是(　　)。

11.在图3-15中,引入了电压并联负反馈的放大器是(　　)。

12.在图3-15中,反相比例运算放大器是(　　)。

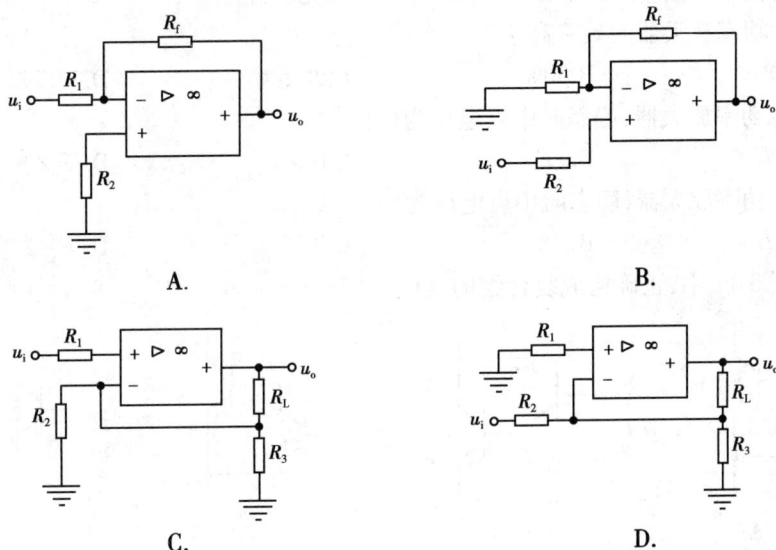

图 3-15

13.某放大器的开环电压倍数为 10 000,反馈系数为 0.01,则该放大器的闭环电压放大倍数约为(　　)。

　　A.1 000　　　　　B.100　　　　　　C.10　　　　　　　D.10 000

14.电压跟随器是(　　)特例。

　　A.反相比例运放　　　　　　　　　　B.反相加法器

　　C.同相比例运放　　　　　　　　　　D.减法器

15.在图 3-16 中,电路中运放 A3 级的名称是(　　　)。

　　A.反相比例运放　　　　　　　　　　B.电压跟随器

　　C.同相比例运放　　　　　　　　　　D.减法器

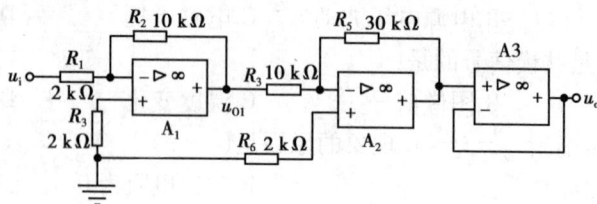

图 3-16

16.在图 3-16 中,A_1 级的电压放大倍数是(　　　)。

　　A.5　　　　　　　　B.-5　　　　　　　　C.6　　　　　　　　D.-6

17.在图 3-16 中,电路中总的放大倍数是(　　　)。

　　A.8　　　　　　　　B.-8　　　　　　　　C.15　　　　　　　　D.-15

18.减法器的两个信号应从(　　　)输入。

　　A.同相端　　　　　　　　　　　　　B.反相端

　　C.同相端反相端同时输入　　　　　　D.无法确定

19.乙类功率放大器的效率高达(　　　)。

　　A.30%　　　　　　　B.50%　　　　　　　C.78.5%　　　　　　D.79.5%

20.OCL 功率放大器,静态时中点电压为(　　　)。

　　A.$+E_c$　　　　　　B.$-E_c$　　　　　　C.0 V　　　　　　　D.$E_c/2$

21.OTL 功率放大器,静态时中点电压为(　　　)。

　　A.$+E_c$　　　　　　B.$-E_c$　　　　　　C.0 V　　　　　　　D.$E_c/2$

22.在图 3-17 中,正确构成复合管的是(　　　)。

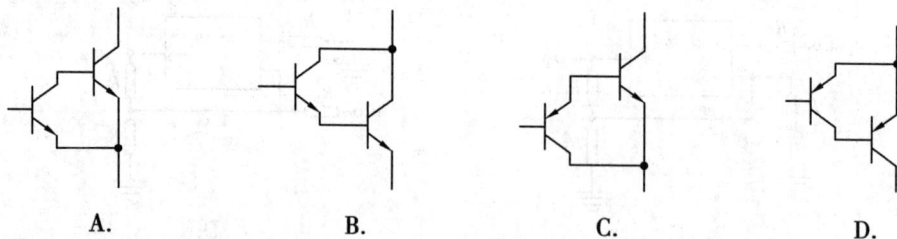

　　A.　　　　　　　　B.　　　　　　　　C.　　　　　　　　D.

图 3-17

23.互补对称乙类功率放大器的效率最高,但会存在(　　　)。

　　A.饱和失真　　　　　B.两边失真　　　　　C.交越失真　　　　　D.无法确定

24.下列集成电路中,是集成功放的是(　　　)。

　　A.JRC4558　　　　　　B.TDA2030　　　　　C.NE555　　　　　　D.LM324

25.场效应管放大器中,自偏压电路适用于(　　　)型场效应管。(选做题)

　　A.增强型 N 沟道　　　　　　　　　　B.增强型 P 沟道

C.耗尽型 N 沟道　　　　　　　　　　D.以上都不是

26.具有选频特性的放大电路是(　　　)。

　　A.功率放大器　　　　　　　　　　B.反相比例运放

　　C.场效应管放大器　　　　　　　　D.调谐放大器

27.单调谐放大器实现选频能力是靠(　　)来实现。

　　A.电感 L　　　B.电容 C　　　　C.LC 并联回路　　　D.LC 串联回路

28.要使放大电路的输出电流稳定,输入电阻减小,可引入的负反馈类型是(　　　)。

　　A.电压串联负反馈　　　　　　　　B.电压并联负反馈

　　C.电流串联负反馈　　　　　　　　D.电流并联负反馈

29.如图 3-18 所示为同相比例运放电路,$R_1 = 10\ \text{k}\Omega$,$R_f = 100\ \text{k}\Omega$,$R_2 = R_1 // R_f$,则 u_o/u_i 为(　　　)。

　　A.-11　　　　　　B.-10　　　　　　C.11　　　　　　D.10

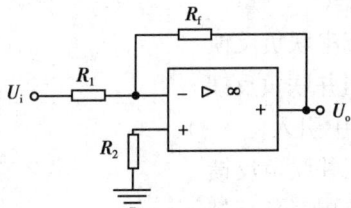 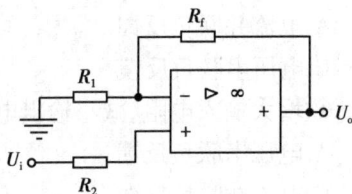

图 3-18　　　　　　　　　　　　　　　图 3-19

30.如图 3-19 所示为集成运算放大器构成的放大电路,其负反馈类型是(　　　)。

　　A.电压串联　　　B.电压并联　　　C.电流串联　　　D.电流并联

31.如图 3-19 所示集成运放构成的放大电路,输出电压 u_o 与输入电压 u_i 的比值为(　　　)。

　　A.$-\dfrac{R_f}{R_1}$　　　B.$-\left(\dfrac{R_f}{1+R_1}\right)$　　　C.$\dfrac{R_f}{R_1}$　　　D.$1+\dfrac{R_f}{R_1}$

32.如图 3-20 所示,放大电路中 R_4 支路构成(　　　)。

　　A.电流串联负反馈　　　　　　　　B.电流并联负反馈

　　C.电压串联负反馈　　　　　　　　D.电压并联负反馈

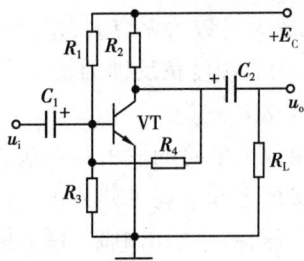

图 3-20

33.如图 3-21 所示运算放大电路,能实现 $U_o = -U_i$ 功能的电路是(　　　)。

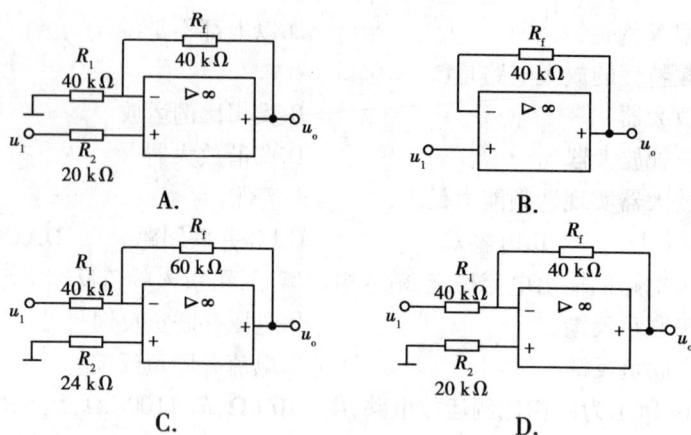

图 3-21

34.如图 3 所示两级放大电路,R_f 引入的反馈类型是(　　　)。

　A.电流并联负反馈　　　　　　　　B.电流串联负反馈

　C.电压串联负反馈　　　　　　　　D.电压并联负反馈

35.欲增大输入电阻、减小输出电阻,应在放大电路中引入(　　　)。

　A.电压串联负反馈　　　　　　　　B.电压并联负反馈

　C.电流并联负反馈　　　　　　　　D.电流串联负反馈

三、判断题

1.差动放大器的电路对称性越差,共模抑制比就越小,抑制共模信号的能力就越好。

　　　　　　　　　　　　　　　　　　　　　　　　　　　　　　(　　　)

2.集成运放的中间级由差动放大器构成。　　　　　　　　　　　　(　　　)

3.只有直接耦合放大器才存在零漂,阻容耦合放大器中没有零漂。　(　　　)

4.在集成运放的内部由多级阻容耦合放大器构成。　　　　　　　　(　　　)

5.差动放大器的主要作用是抑制零漂。　　　　　　　　　　　　　(　　　)

6.差动放大器是由两个完全对称的共集电极电路构成。　　　　　　(　　　)

7.差模信号是指大小相等,极性相反的信号。　　　　　　　　　　(　　　)

8.理想集成运放的差模电压放大倍数为无穷大,差模输入电阻为 0。(　　　)

9.集成运放的"虚短"只有在引入深度负反馈的情况下才存在。　　(　　　)

10.集成运放的"虚短"的数学表达式为 $u_P = u_N$。　　　　　　　　(　　　)

11.反馈信号的传递方向是由放大电路的输出端到输入端。　　　　(　　　)

12.根据反馈信号使净输入量增强和减弱可分为正反馈和负反馈。　(　　　)

13.电压负反馈能稳定输出电压,减小输出电阻,增大输入电阻,提高带负载能力。

　　　　　　　　　　　　　　　　　　　　　　　　　　　　　　(　　　)

14.直流负反馈能稳定放大电路的静态工作点,交流负反馈能改善放大器的动态性能。

　　　　　　　　　　　　　　　　　　　　　　　　　　　　　　(　　　)

15. 能稳定输出电流的,增大输出电阻的是电流负反馈。　　　　　　　　　（　　　）

16. 负反馈能减小放大器的失真,也可以减小信号本身的失真。　　　　　（　　　）

17. 负反馈能增加放大器的交流放大倍数,展宽电路的通频带。　　　　　（　　　）

18. 由于电压跟随器的输入输出信号相等,所以电压跟随器没有实用性。　（　　　）

19. 反相比例运算放大器的输入输出信号的极性相反。　　　　　　　　　（　　　）

20. 反相加法运算电路中不存在"虚地"现象。　　　　　　　　　　　　　（　　　）

21. 在电压比较器中,当 $u_p < u_n$ 时,输出电压 $u_o = -u_{OPP}$。　　　　　　（　　　）

22. 当运放单电源运用时,应在输入端加直流偏置电压,设置合适的静态工作点,以便能正常放大正半周和负半周的信号。　　　　　　　　　　　　　　　（　　　）

23. 甲类功率放大器的失真最小,效率最高,可高达 78.5%。　　　　　　（　　　）

24. 甲乙类功率放大器在静态时,功放三极管的 $I_{CQ} = 0$。　　　　　　（　　　）

25. OCL 功率放大器的两只功放三极管从直流通路看是串联,从交流通路看是并联。
　　　　　　　　　　　　　　　　　　　　　　　　　　　　　　　　（　　　）

26. OTL、OCL 功率放大器的中点电压,是判断电路工作是否正常的关键点。其中 OTL 功率放大器的中点电压为 $E_c/2$,OCL 功率放大器的中点电压为 0 V。　（　　　）

27. 在图 3-14 中,C_2 的作用是耦合输出信号,且为 V_2 供电。　　　　（　　　）

28. 使用复合管的主要目的是提高三极管的电流放大倍数。　　　　　　　（　　　）

29. TDA2030 只能连接成为 OCL 功率放大器。　　　　　　　　　　　　（　　　）

30. 三极管是电流控制器件,场效应管是电压控制器件。　　　　　　　　（　　　）

31. 结型场效应管的输入阻抗比绝缘栅型的输入阻抗更高。　　　　　　　（　　　）

32. 绝缘栅型场效应管的栅极与源极、漏极是完全绝缘的。　　　　　　　（　　　）

33. 结型场效应管的 D、S 极可以对调使用,三极管的 C、E 极不能对调使用。（　　　）

34. LC 并联回路在谐振时,L 或 C 中的电流是总电流的 Q 倍,所以 LC 并联谐振又称为电流谐振。　　　　　　　　　　　　　　　　　　　　　　　　（　　　）

35. 单调谐放大器的 Q 值越大,电路的幅频曲线越尖锐,选频能力就越好。（　　　）

36. 负反馈用以改善放大器的性能,均以牺牲放大倍数为代价。　　　　　（　　　）

37. 对于正弦波振荡电路而言,只要不满足相位平衡条件,即便是放大电路的放大倍数很大,它也不能产生正弦波振荡。　　　　　　　　　　　　　　　　（　　　）

38. 与甲类功率放大电路相比,乙类互补推挽功率放大电路的主要优点是效率较高。
　　　　　　　　　　　　　　　　　　　　　　　　　　　　　　　　（　　　）

39. 正弦波振荡电路中的反馈网络,只要满足正反馈电路就一定能产生振荡。（　　　）

40. 差动放大电路的对称性越差,抑制共模信号(干扰信号)的能力就越差。（　　　）

41. 负反馈使放大器的失真减小,电压放大倍数增加。　　　　　　　　　（　　　）

42. "虚短"是指集成运放的两个输入端短路,两输入端电位完全相等。　　（　　　）

43. 多级放大器的总电压放大倍数为各级放大器的电压放大倍数之和。　　（　　　）

44. 同相比例运算放大器的闭环放大倍数必定大于或等于 1。　　　　　　（　　　）

45. 负反馈能减小放大电路的非线性失真。　　　　　　　　　　　　　　（　　　）

46.调谐放大器对谐振频率为 f_0 的信号放大能力最强,适用于选频放大。　　　　(　　)

47.引入负反馈能有效拓展放大电路的通频带。　　　　(　　)

48.与 RC 正弦波振荡器相比较,石英晶体振荡器的优点是频率稳定度高。　　　　(　　)

四、简答题

1.简述常见集成电路(单列直插式和双列直插式)引脚的识别方法。

2.交流负反馈对放大器性能可产生哪些影响?

3.什么叫"虚短""虚断"?

4.什么叫"虚地"?（选做）

5.画出基本差动放大器原理图,并简述工作原理。

6.简述集成运放的理想参数。

7.简述对功率放大器的要求。

8.试分析图 3-14 中,中点电位的调节原理。

9.试分析图 3-9 的工作原理。

10.简述甲类、乙类、甲乙类功率放大器的特点。

11.分析图 3-22,回答下列问题。(选做题)

①图 3-22 电路名称是_____。R_4、C_3 构成_____电路。VD_1,VD_2 的作用是_____和_____。V_2、V_3 的名称是_____,C_2 的名称是_____,作用是_____和_____。

②输入信号正弦波信号后,电路的工作原理是:

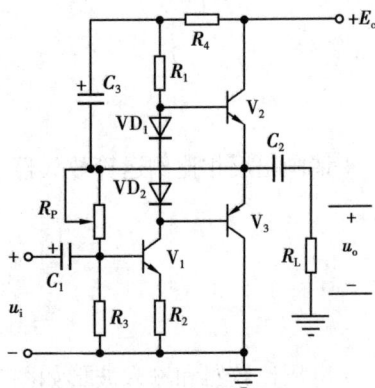

_____
_____
_____。

图 3-22

五、作图题

1.请按照下列要求在图 3-23 中引入适当的负反馈。

①请将 R_{f1} 连接为电流串联负反馈。
②请将 R_{f2} 连接为电压并联负反馈。
③请将 R_{f3} 连接为电压串联负反馈。

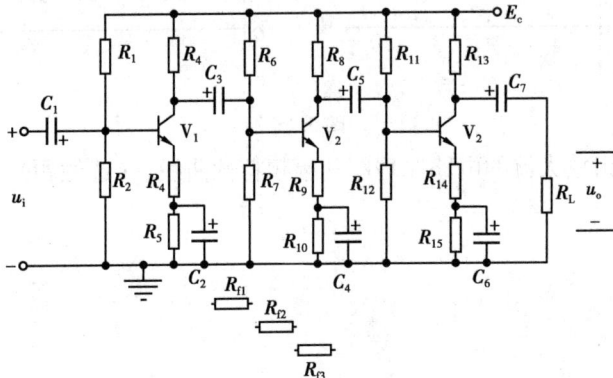

图 3-23

2.请将图 3-24 中的三极管构成复合管。

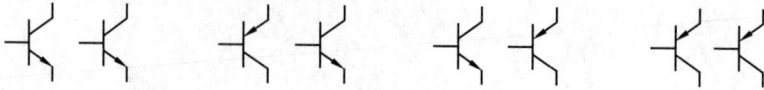

图 3-24

3.请画出典型的 OCL 功率放大器电路图。

4.请画出反相比例运算放大器、反相加法器的电路图。

5.电压比较器和输入波形如图 3-25 所示,请作出输出波形。

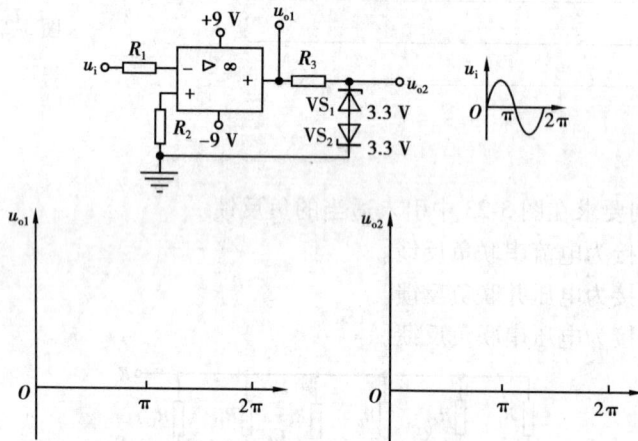

图 3-25

6.请画出单调谐放大器的电路原理图和幅频特性曲线。(选做题)

六、分析与计算题

1.电路如图 3-26 所示,请计算当输入信号幅度分别为 50 mV, 100 mV, – 50 mV, –100 mV时电路的输出电压。

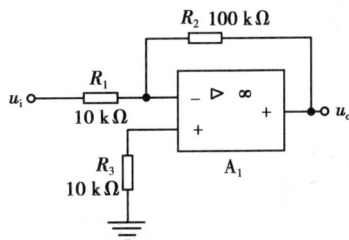

图 3-26

2.在图 3-27 中,计算输出电压 u_o 的可调范围。

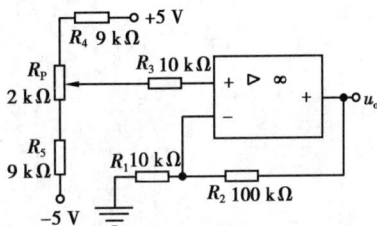

图 3-27

3.计算图 3-28 的输出电压 u_o。

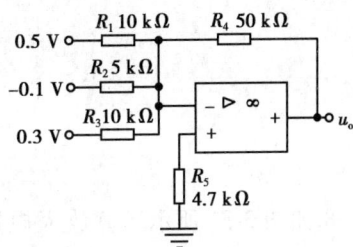

图 3-28

4.计算图 3-29 中输入电压 u_i。

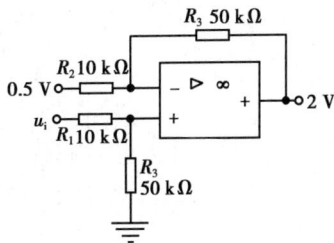

图 3-29

5.计算图 3-30 的输出电压。（选做题）

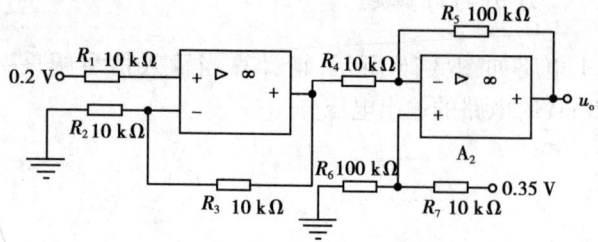

图 3-30

6.试分别设计出能完成 $u_o = -5(u_1 + u_2 + u_3)$ 和 $u_o = 2(u_1 - u_2)$ 运算的运放电路图，R_f 取 100 kΩ。

7.在图 3-14 中,已知负载阻抗为 8 Ω,电路的额定功率是 6.25 W,求此时电路的电源电压。若保持电源电压不变,将两个阻抗为 8 Ω 的负载并联接在输出端,此时电路的输出功率是多少?

8.如图 3-31 所示运算放大电路中,U_{1A} 为加法器,U_{1B} 为电压跟随器,输入电压 $u_{i1} = 1$ V,$u_{i2} = u_{i3} = 2$ V,电阻 $R_1 = R_2 = R_3 = 10$ kΩ,$R_4 = 3$ kΩ,$R_f = 20$ kΩ。请计算输出电压 u_{o1} 和 u_{o2}。

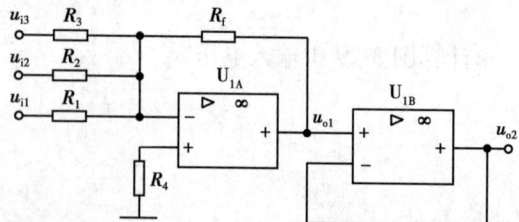

图 3-31

9.图 3-32 所示为理想运放构成的反相比例运算电路,该运放电源电压为±12 V。已知 $R=10$ kΩ,$R=100$ kΩ,$R=9.1$ kΩ。试求:

（1）u_N 和 u_P 的大小关系。

（2）该电路电压放大倍数 A_u;

（3）若 $u_i=1$ V,则 u_o 为多少?

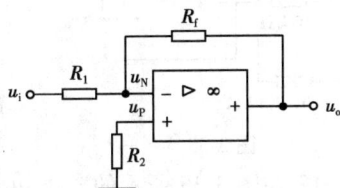

图 3-32

自我检测题

一、填空题

1.正反馈是指反馈信号使净输入信号_____的反馈。负反馈是指反馈信号使净输入信号_____的反馈。

2.放大电路引入直流负反馈能稳定_____,引入交流负反馈能_____。

3.反馈信号与输出电压成正比的反馈是_____反馈。反馈信号与输出电流成正比的反馈是_____反馈。

4.要稳定输出电流,并要向信号源索取较大的电流,放大器应引入_____负反馈。

5.共集电极电路的 R_e 是_____反馈,所以共集电极电路的输出电阻很小,在功率放大器的_____级应用广泛。

6.当信号源的输出阻抗很高时,与之相接的放大器应引入_____负反馈。

7.集成运放内部均采用_____耦合放大器,输入级产生的_____对放大器级影响最严重,所以集成运的输入级要采用_____。

8.集成运放的输入电阻 $r_{id}=\infty$,而输入电压的值是有限的,所以两输入端电流_____。

9.反相比例运算放大器输出电压的大小由_____和_____的比值决定,与运放的参数无关。

10.如图 3-33 所示,该电路的名称是_____,输出信号与输入信号的相位_____,电路的电压放大倍数 $A_u=$_____。

11.在图 3-34 中,当温度升高,V_1 和 V_2 中的电流将_____,V_1 和 V_2 的集电极电

位 U_{c1} 和 U_{c2} 将等量下降,所以输出电压 $U_o =$ _____ $=0$,这就是差分放大器抑制零漂的原理。

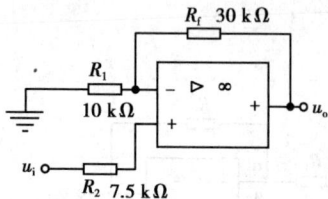
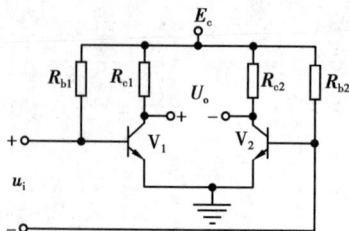
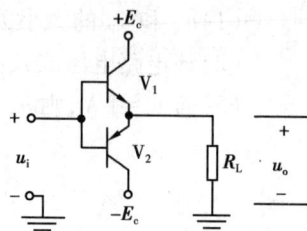

图 3-33   图 3-34   图 3-35

12.在图 3-35 所示的乙类功率放大器中,信号由两只功放三极管的基极输入,由两只功放三极管的_____极输出,输入信号正半周时_____导通,负半周时_____导通。

13.两只三极管电流放大倍数分别是 $\beta_1 = 20$, $\beta_2 = 200$,若将这两只三极管构成复合管,则复合后的电流放大倍数是_____。

14.一个电源电压为 8 V 的 OTL 功率放大器,接上一个阻抗为 8 Ω 的负载,则该电路的输出功率是_____ W。

15.在场效应管中,若 U_{GS} 为 0 时,漏极电流不为 0 的是_____型和_____型。(选做题)

16.在调谐放大器中,可以通过改变_____或_____来改变电路的固有频率,以实现对外来信号的选择。

二、选择题

1.能增大输入电阻,减小输出电阻,稳定输出电压的是(   )负反馈。
   A.电压并联   B.电流并联   C.电压串联   D.电流串联

2.在图 3-36 中,R_f 的反馈类型是(   )。
   A.电压并联直流负反馈
   B.电压串联直流负反馈
   C.电压并联交直流负反馈
   D.电压并联交流负反馈

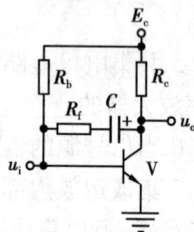

3.放大器引入负反馈后,会对放大器性能产生影响,下列说法不正确的是(   )。
   A.减小输入信号的非线性失真   B.改变输入输出电阻
   C.展宽通频带   D.降低放大倍数

图 3-36

4.在 OCL 功率放大电路中,输入信号为正弦波电压,输出电流波形如图 3-37 所示,这说明电路中出现(   )。
   A.饱和失真   B.双边失真
   C.交越失真   D.没有失真

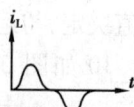

图 3-37

5.LC 并联回路发生并联谐振时,LC 回路对外呈(　　　)。

　　A.感性　　　　　　　B.容性　　　　　　　　C.纯电阻性　　　　　　　D.无法确定

6.集成运放的输出级一般采用(　　　)。

　　A.共射极放大器　　　　　　　　　　　　B.差动放大器

　　C.互补对称功放　　　　　　　　　　　　D.共基极放大器

7.如图 3-38 所示,该放大器的输出电压 u_o 为(　　　)。

　　A.-0.5 V　　　　　　　B.-1 V　　　　　　　C.1 V　　　　　　　　D.0.5 V

8.如图 3-39 所示,该放大器的输出电压 u_o 为(　　　)。

　　A.-0.5 V　　　　　　　B.-1 V　　　　　　　C.1 V　　　　　　　　D.0.5 V

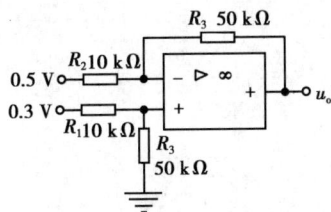

图 3-38

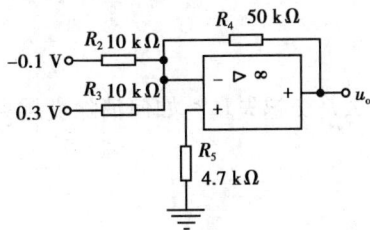

图 3-39

9.过零比较器实质上是(　　　)。

　　A.反相比例放大器　　　　　　　　　　B.同相比例放大器

　　C.任意电压比较器　　　　　　　　　　D.电压跟随器

10.以下对单调谐放大器的描述,不正确的是(　　　)。

　　A.单调谐放大器的组态是共发射极

　　B.单调谐放大器是利用 LC 并联谐振来实现选频

　　C.单调谐放大器对频率为 f_o 的信号有较高的放大倍数。

　　D.单调谐放大器对频率远离 f_o 的信号有较高的放大倍数。

三、判断题

1.集成运算放大器是直流放大器,所以只能放大直流信号,不能放大交流信号。

(　　　)

2.同相比例运算放大器的输入电阻比反相比例运算放大器的输入电阻更高。(　　　)

3.从集成运放的符号可以看出集成运放只有 3 个引脚。　　　　　　　　　(　　　)

4.由集成运放构成的电压比较器仍然具备"虚短"的特点。　　　　　　　　(　　　)

5.在反相比例运算放大器中引入的反馈属于电压串联负反馈,在同相比例运算放大器中引入的反馈属于电压并联负反馈。　　　　　　　　　　　　　　　　　(　　　)

6.只要有信号输入,差动放大电路就可以有效地放大输入信号。　　　　　(　　　)

7.甲乙类功率放大器能消除交越失真,是因为两只晶体三极管有合适的偏置电流。

(　　　)

8.OTL 功率放大器输出电容的作用仅仅是将信号传递到负载。　　　　　（　　）

9.负反馈可减小放大器的放大倍数,但在一些放大倍数较小的放大器中我们可以通过正反馈来增大放大倍数,而不必采用多级放大器。　　　　　（　　）

10.负反馈可以消除放大器的非线性失真。　　　　　（　　）

四、简答题

1.什么是零漂？产生零漂的主要原因是什么？怎么消除零漂？

2.什么是交越失真？如何消除交越失真？

五、分析作图题

1.试判断图 3-40 中 R_{f1} 和 R_{f2} 的反馈类型。

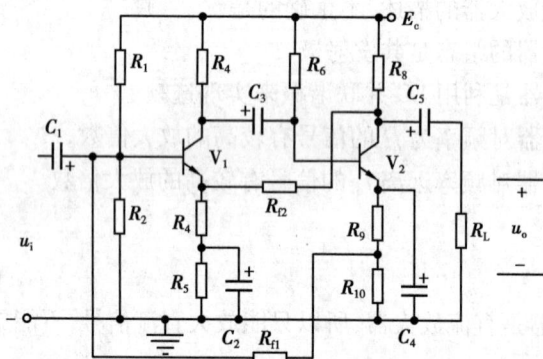

图 3-40

2.画出基本 OTL 放大器的电路原理图。

3.试画出图 3-41 所示复合管的等效电路图。

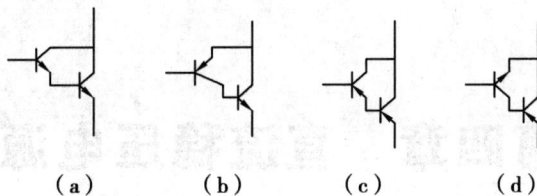

（a） （b） （c） （d）

图 3-41

六、计算题

1.电路如图 3-42 所示,请计算出输出电压 u_o。

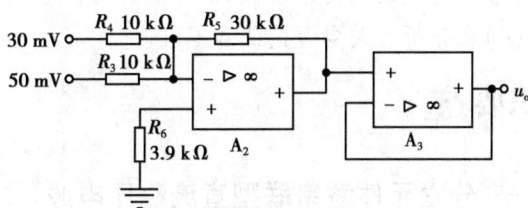

图 3-42

2.请分别设计出满足 $u_o = 11u_i$ 和 $u_o = -8u_i$ 的放大器的电路原理图,R_1 取 20 kΩ。

3.在 OCL 电路中,已知负载的阻抗为 8 Ω,输出功率为 42.25 W,求电源电压;保持电源电压不变,将两个阻抗为 8 Ω 的负载串联起来接到电路中,此时电路的输出功率是多少瓦。

第四章　直流稳压电源

学习目标

(1)了解串联式稳压电源的组成;

(2)记住三端集成稳压电源的管脚功能及主要参数;

(3)知道开关电源的组成、优点及应用;

(4)会分析开关电源的工作原理。

知识要点

一、分立元件型串联型直流稳压电源

1.常见稳压电源

常见稳压电源可分为并联型稳压电源、串联型稳压电源和开关型稳压电源。其中,串联型稳压电源可分为分立元件型和集成电路型。

2.串联型直流稳压电源

①串联型直流稳压电源是一种将 220 V 工频交流电转换成稳压输出的直流电压的装置,它需要经过变压、整流、滤波、稳压 4 个环节才能完成,各部分电路的作用详见教材。

②当输入的直流电压发生变化或负载发生变化时,串联型直流稳压电源能为负载提供基本不变的直流电压。

③串联型直流稳压电源的三极管均工作在线性放大状态。

④具有放大环节的串联型直流稳压电源如图 4-1 所示,主要由调整环节、取样环节、基准环节和比较放大环节组成,具体作用见表 4-1。

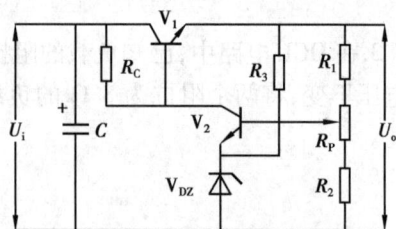

图 4-1　具有放大环节的串联型
直流稳压电源

表 4-1　串联型直流稳压电源各组成部分的作用

组成部分	作　用	电路元件
取样环节	取出输出电压的一部分加到比较放大器	R_1、R_2、R_P
基准环节	提供一个稳定度很高的直流电压	R_3、V_{DZ}
放大环节	将取样电路取出的电压与基准电压进行比较,产生偏差电压并放大,送到调整管基极	V_2、R_C
调整环节	自动调整输出电压的高低,使其保持稳定	V_1、R_C

二、三端集成稳压器件

1.固定输出三端集成稳压器

①集成稳压器代表了稳压电源的发展方向。广泛使用的是三端集成稳压器,它分固定输出式和可调式两大类。

②固定输出以 W78 ∗∗(正电压输出),W79 ∗∗(负电压输出)为代表,其中" ∗∗ "代表输出电压高低,如 W7805 表示输出+5 V。

③78 ∗∗ 、79 ∗∗ 系列最常见的封装是 TO-220 和 TO-202。在使用三端集成稳压器时,应注意不同封装形式的稳压器的引脚排列有差异。

④三端集成稳压器的输出电流有大、中、小之分,并分别有不同符号表示。

输出为小电流的代号"L",例如 78L××,最大输出电流为 0.1 A。

输出为中电流的代号 "M",例如 78M××,最大输出电流为 0.5 A。

输出为大电流的代号"S",例如 78S××,最大输出电流为 2 A。

2.可调式三端集成稳压器

可调式三端集成稳压器以 W317(W117)正电源输出和 W337(W137)负电源输出等系列为代表。

可调式 W317 正面看管脚,从左到右依次为调整端、输出端、输入端,W337 正面看管脚从左到右依次为调整端、输入端、输出端。

三、开关电源

1.开关电源的类型

根据电源能量供给电路的接法不同,开关电源可分为并联型和串联型。按控制方式不同,开关电源可分为调宽式和调频式。

2.开关电源的组成

开关电源主要由整流滤波、高频振荡、变压、高频整流滤波、控制电路(取样电路、比较电路、基准电路、脉冲调宽调制电路)等组成。

3.开关稳压电源的工作原理

交流电压经整流滤波后,变成脉动直流电压,该电压进入高频振荡器,高频振荡器受"控制电路"的控制,经变压器后输出高频方波,在经高频整流滤波后变为所需的直流电压。

调整管工作在饱和导通与截止两种极端状态(开关状态),其输出电压的高低由调整管饱和导通的时间决定。调整管导通时间越长,供给储能电路能量越多,输出电压越高;反之输出电压越低。

4.开关稳压电源的优点

损耗小,效率高;体积小,质量小;稳压范围宽,输出电压稳定;滤波效率高;电路形式灵活多样,能输出多组稳定电压。

解题示例

例 4-1 直流稳压电路如图 4-2 所示,该电路由几个基本部分组成? 简述由于某种原因使输出电压 U_o 升高时,其稳定电压的过程。

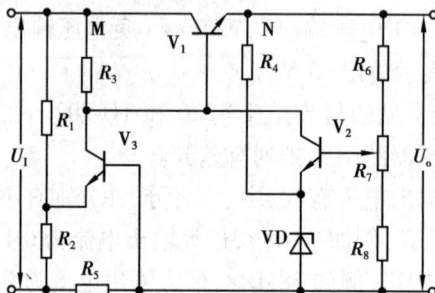

图 4-2

【分析】 要分析这类题,就必须熟记串联型稳压电路的组成框图、熟悉各部分电路元件的作用及要求,并熟悉其工作原理。

解:①该电路由以下 4 个基本组成:

取样电路:由 R_6、R_7、R_8 组成。

基准电压电路:由 R_4、VD 组成。

调整电压电路:用 V_1 作调整管。

过载保护电路:由 R_1、R_2、V_3、R_5 组成。

②该电路的稳压过程如下:

$$U_o \uparrow \to U_{B2} \uparrow \to U_{BE2} \uparrow \to U_{C2} \downarrow \to U_{BE1} \downarrow \to I_{B1} \downarrow \to I_{C1} \downarrow \to U_{CE1} \uparrow \to U_o \downarrow$$

例 4-2 在图 4-2 中,放大管 V_2 的集电极电阻 R_3 能不能从 M 点改接到 V_1 的发射极 N 点上?

【分析】 本题是检查学生对放大器工作条件和稳压调节原理的掌握情况。

解:不可以。因为若如此改接,V_2 的集电极电流 I_3 流过 R_3 时,在 R_3 上的电压极性是上正下负,即 V_1 的发射极(N 点)的极性为正,而 V_1 的基极的极性为负,R_3 上电压 U_{R3} 正

好使 V_1 的发射结反偏（$U_{BE1}<0$），V_1 截止，不能起到调压的作用。

例 4-3 指出如图 4-3 所示的稳压电路中的错误。

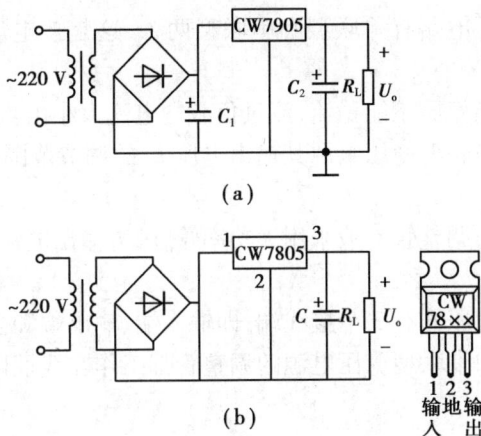

(a)

(b)

图 4-3

【分析】 本题考查的知识点是集成稳压器的应用电路。分析本题时，一要检查集成稳压器的引脚是否连接正确，二要观察电源电压极性是否正确，三要检查集成稳压器外部电路是否连接正确。

解： 图 4-3（a）电路采用的集成稳压器是 CW7905，为负电源稳压器，要求输入端送入的为负极性电压，而整流滤波电路提供的是正极性输入电压，因此电路不能正常工作。

如要求电路输出为负电压，应将整流电桥的 4 个二极管反接，并将滤波电容 C_1、C_2 极性改为上负下正。如要求电路输出为正电压，集成稳压器应改为 CW7805。

图 4-3（b）电路出现两个错误：一是桥式整流输出端被短路，集成稳压器的输入电压为零；二是集成稳压器的引脚接错，2 脚应接输出端，3 脚应接公共地端。

课堂练习题

一、填空题

1.串联型稳压电源由 ＿＿＿＿＿＿＿、＿＿＿＿＿＿＿、＿＿＿＿＿＿＿、＿＿＿＿＿组成，调整管工作于 ＿＿＿＿＿＿＿状态。

2.带有放大环节的串联型稳压电源的稳压效果实际上是通过 ＿＿＿＿＿＿＿实现的，为了提高稳压效果，在要求较高或输出功率较大的稳压电源，调整管多用 ＿＿＿＿＿。

3.三端集成稳压器分为 ＿＿＿＿＿＿＿和 ＿＿＿＿＿＿＿两类，W78＊＊、W79＊＊系列为 ＿＿＿＿＿＿＿，W317、W337 系列为 ＿＿＿＿＿＿＿式。

4.开关电源根据电源能量供给电路的接法不同分为 ＿＿＿＿＿＿＿型和 ＿＿＿＿＿型。

5.并联型开关电源主要由 ＿＿＿＿＿、＿＿＿＿＿、＿＿＿＿＿和脉冲发生电路组成。

6.开关稳压电源的调整管工作在 ＿＿＿＿＿＿＿与 ＿＿＿＿＿＿＿两种极端状态。

二、判断题

1.稳压电源中的稳压电路有并联型和串联型两种,这是按电压调整元件与负载连接方式不同来区分的。 (　　)

2.直流稳压电源只能稳压不能稳流,流过负载的电流大小由负载大小决定。 (　　)

3.带有放大环节的串联型稳压电源其输出电压 U_o 的调节范围由取样电阻的分压值来确定。 (　　)

4.串联型稳压电源的调整管一般采用大功率管,因为输出电流绝大部分通过调整管。 (　　)

5.可调式三端集成稳压器有 3 个接线端,即输入端、输出端和公共端。 (　　)

6.开关型稳压电源和串联型稳压电源的调整管都工作在线性区,即放大区。 (　　)

三、选择题

1.用一只直流电压表测量一只接在电路中的稳压二极管的电压,读数为 0.7 V,说明该稳压二极管(　　)。

　　A.工作正常　　　　　B.接反　　　　　　C.击穿　　　　　　D.开路

2.稳压管两端电压变化量与通过电流变化量之比称为稳压管的动态电阻。稳压性能好的稳压管的动态电阻(　　)。

　　A.较大　　　　　　B.较小　　　　　　C.不定　　　　　　D.不大不小

3.串联型稳压电路用复合管作调整管,是因为单管(　　)。

　　A.电流 I_{CM} 不够小　　　　　　　　　B.击穿电压不够高

　　C.功耗 P_{CM} 不够大　　　　　　　　　D.电流放大系数不够大

四、简答题

试简述图 4-4 所示具有放大环节的串联型稳压电源的稳压原理。

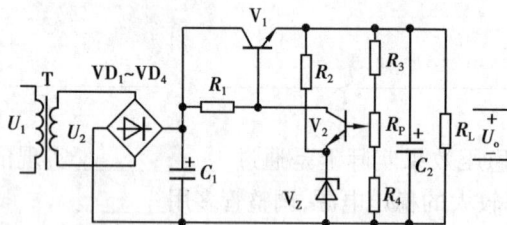

图 4-4

自我检测题

一、填空题

1.直流稳压电源是一个能在_____和_____变动时提供稳定输出电压的直流电源,由_____、_____、_____、_____4部分组成。

2.具有放大环节的串联型稳压电源的稳压电路由_____、_____、_____、_____组成。其中,关键性元件是_____。

3.串联型稳压电源的放大原理是电路输出电压 U_o 升高时,_____上的_____变大来维持输出电压 U_o 不变。电路输出电压 U_o 下降时,_____上的_____变小来维持输出电压 U_o 不变。

4.固定式三端集成稳压器的3个接线端分别是_____、_____、_____。

5.W7812 的输出电压是_____,W7909 的输出电压是_____,CW317输出_____电压。

二、判断题

1.在稳压电路中加在正常工作的稳压二极管两端的电压必定是正向电压。　　(　　)

2.直流稳压电源是一个能在电网电压和负载变动的情况下提供稳定输出直流电流的电源。　　(　　)

3.串联型稳压电源的稳压效果实际上是通过电压负反馈来的,它依靠负反馈的自动调整作用使输出电压达到稳定。　　(　　)

4.在串联型稳压电路中,其稳定输出电压的大小可以通过改变调节电阻的大小来改变,所以输出电压可以任意调节。　　(　　)

5.串联型稳压电路的调整管工作在线性放大状态,而开关型稳压电源的调整管工作在开关状态。　　(　　)

6.三端集成稳压器的3个接线端分别是输入端、输出端、公共接地端。　　(　　)

7.串联型稳压电路输出电压大小与稳压管的稳压值的大小有关,当需要将输出电压再变小时,可更换一只稳压值小的稳压管。　　(　　)

8.三端固定稳压器 W7900 系列是负电源输出。　　(　　)

9.开关稳压电源不能通过脉宽的控制来改变输出电压值。　　(　　)

10.开关电源的稳压范围宽,电源效率高。　　(　　)

三、选择题

1.为了适应当电网电压和负载电流变化较大的情况,且要求输出电压可以调节,则可采用下列(　　)形式稳压电路或可调试集成稳压电路。

　　A.电容型　　　　　　B.电感型　　　　　　C.稳压管　　　　　　D.串联型

2.如图4-5所示,若电阻 R 短路则可能(　　)。

A.U_o不变　　　　　　　　　　　B.变为半波整流

C.电容 C 将击穿　　　　　　　　　D.稳压管将损坏

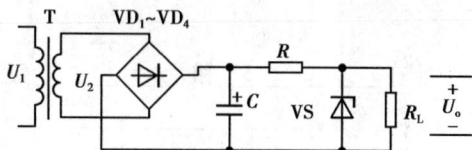

图4-5

3.在图4-5中,电路正常工作,当电网电压波动而使 VS 增大时(负载不变),则 I_R 将(　　)。

A.增大　　　　　　B.减小　　　　　　C.基本不变　　　　　　D.不能判断

4.具有放大环节的串联稳压电源在正常工作时,调整管工作状态为(　　)。

A.开关状态　　　　　B.放大状态　　　　　C.饱和状态　　　　　D.截止状态

5.在串联型稳压电路中引起输出电压升高的原因是(　　)。

A.电网电压升高或负载电流增大

B.电网电压升高或负载阻值增大

C.电网电压和负载电流同时增大

D.电网电压和负载电流同时减小

6.在图4-6中,当 U_i 升高时,则(　　)。

A.I_B增加　　　　　　B.I_B不变

C.I_B减小　　　　　　D.不一定

7.在图4-6中,若把 R_1 的左端连接到调整管的发射极上,则(　　)。

A.比较放大管放大　　B.调整管截止

C.调整管饱和　　　　D.比较放大管饱和

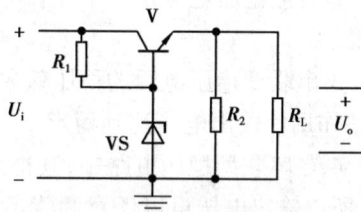

图4-6

四、综合题

1.电路如图4-7所示,回答下列问题。

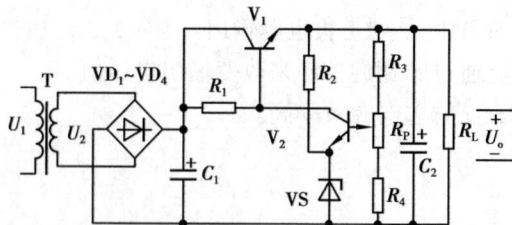

图4-7

①此电路是＿＿＿＿＿＿＿＿电源电路。

②电容 C_1 是_____,极性是_____,V_1 是_____,与负载串联,用于调整_____,V_2 是_____,它是将稳压电路输出电压的_____放大,送至 V_1 基极。R_3、R_4、R_P 组成_____电路,R_P 下调时 U_o 将_____。VS 为 V_2 发射极提供稳定的_____,R_2 是保证稳压管 VS 有合适的_____。

③写出输出电压下降时的稳压过程。

④写出输出电压的表达式。

2.开关稳压电源有什么优点?

3.画出由 7800 系列组成的简单稳压电源电路。

第五章 正弦波振荡电路

学习目标

(1)了解振荡的概念及振荡器的用途和分类;

(2)记住自激振荡的条件;

(3)会判断振荡器是否能够起振;

(4)会判别正弦波振荡电路的类型;

(5)知道 RC、LC 振荡电路和石英晶体振荡电路的工作原理,会估算振荡频率。

知识要点

一、振荡电路的组成

1.振荡器的概念

振荡器是不需要外来信号,可以直接将直流电能转换成具有一定频率、一定波形、一定振幅的交流电能,产生交流信号,为电子设备提供交流信号源的电子设备。

2.振荡器分类

根据信号波形不同,振荡器可分为正弦波振荡器和非正弦波振荡器。

按照选频网络的元件不同,振荡器可分为 LC 振荡器、RC 振荡器和石英晶体振荡器。

3.正弦波振荡器的组成

正弦波振荡器主要由 3 部分组成,分别是放大电路、选频电路和正反馈网络。

4.自激振荡起振的条件

自激振荡器起振,必须同时满足相位平衡条件和幅度平衡条件。

(1)相位平衡条件

指放大器的反馈信号必须与输入信号同相位,即两者电压的相位差 $\varphi = 2n\pi$(n 取 1,2,3…)。判断相位是否平衡就是看振荡器中反馈信号是正反馈还是负反馈。可用瞬时极性法判断。相位平衡条件要求反馈网络引入的反馈为正反馈。

（2）幅度平衡条件

指反馈信号的幅度必须满足一定数值，才能补偿振荡中的能量损耗，保持等幅振荡，即

$$A_u F \geq 1$$

判断振荡器能否起振的两个条件中关键条件是相位平衡条件。

对于电感三点式振荡器和电容三点式振荡器，画出它们的交流通路后，仍然用瞬时极性法判别电路能否产生振荡。通常根据普遍适用电路组成原则来判断电路是否满足相位平衡条件。电路的组成原则是：与三极管发射极相接的是两个同性质的电抗元件（均是电容元件或均是电感元件）；与三极管基极相接的是两个不同性质的电抗元件（一个是电容元件，一个是电感元件）。

二、常用振荡器

1.LC 振荡器

由电感 L 和电容 C 组成选频电路，在结构形式上有变压器反馈式、电感反馈式、电容反馈式三种，其反馈信号都是从输出回路通过变压器、电感或电容反馈回放大器输入端。其相位平衡条件可用瞬时极性法判断；幅度平衡条件与放大器的电压放大倍数和反馈元件的分压值有关。

2.RC 振荡器

常用的 RC 振荡器有 RC 选频振荡器和 RC 移相振荡器两类，其振荡频率与 RC 的乘积成反比。前者用 RC 串、并网络选频，后者用 3 阶以上 RC 移相电路选频。

3.石英振荡器

石英振荡器相当于一个 Q 值很高、频率稳定度很高的谐振回路，它有 f_s 和 f_p 两个谐振频率。石英振荡器应用电路有并联型和串联型两类。并联型石英晶体振荡器的工作频率在 f_s 和 f_p 之间，石英晶体等效于电感。串联型石英晶体的振荡器频率等于 f_s，石英晶体作为串联谐振回路接于放大器的正反馈网络中，相当于小电阻实现选频及正反馈。

常用振荡器的比较见表 5-1。

表 5-1　常用振荡器的比较

类　型		电路图	振荡频率	优　点	缺　点
LC 振荡器	变压器反馈式		$f_0 \approx \dfrac{1}{2\pi\sqrt{LC}}$	频率高，容易起振，调节频率方便，便于实现阻抗匹配	体积大，频率不能太高，波形不太好

续表

类 型		电路图	振荡频率	优 点	缺 点
LC振荡器	电感反馈式		$f_0 \approx \dfrac{1}{2\pi\sqrt{L_1-L_2+2}}$	易起振,易调节	对高次谐波阻抗大,输出波形差
	电容反馈式		$f_0 \approx \dfrac{1}{2\pi\sqrt{\dfrac{C_1 C_2}{C_1+C_2}}}$	振荡频率高,波形好	调节频率时易停振,分布电容影响大
	电容反馈式改进型		$f_0 \approx \dfrac{1}{2\pi\sqrt{LC}}$	振荡频率高,波形好,稳定性好	起振困难
RC振荡器	RC选频式振荡器		$f_0 \approx \dfrac{1}{2\pi RC}$	波形好,输出信号频率可调范围宽,容易起振	振荡频率低
	RC移相式振荡器		$f_0 \approx \dfrac{1}{2\pi\sqrt{6}RC}$	波形好,结构简单,容易起振	工作不稳定。波形差,频率难于调节
晶体	石英晶体振荡器		$f_0 \approx \dfrac{1}{2\pi\sqrt{LC}}$	振荡频率高、精度高、频率稳定度高	振荡频率不易调整

解题示例

例 5-1　根据自激振荡的相位平衡条件,判断图 5-1 中的电路能否产生振荡。

解: 在图 5-1 中,从三极管基极瞬时注入正极性信号,经三极管集电极倒相后为"负",再经电感移相后为"正",因为电感 L 上端通过电源接地,电感中心抽头处极性与地端相反,所以取"负"。该"负"经反馈网络反送到三极管基极,削弱了输入的"正"信号,所以是负反馈,不满足相位平衡,不能起振。

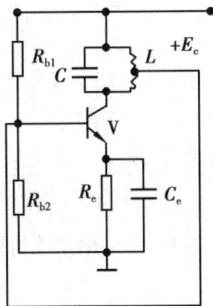

图 5-1

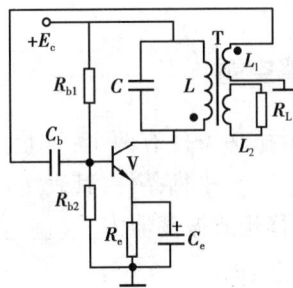

图 5-2

例 5-2　如图 5-2 所示的变压器反馈式振荡电路,在调试过程中若出现以下情形,试说明原因。

①要将 L_1 线圈的两个接头对调后才能起振;

②适当增加 L_1 线圈的匝数才能振荡;

③改用 β 值较大的三极管后才能起振;

④振荡波形上下都出现切割失真;

⑤适当增大 L 值或减少 C 值就能够起振;

⑥调整电阻 R_{b1}、R_{b2} 或 R_e 的阻值后就能够起振。

【分析】　本题主要是考查对变压器耦合振荡电路各个参数作用的了解情况。对于不振荡的故障,应从相位平衡条件和振幅平衡条件两个方面来分析原因。对于波形上下都出现切割失真,应分析使放大器进入非线性放大状态的原因。

解: ①将变压器同名端的极性接反,形成了负反馈,不能满足振荡的相位平衡条件。将线圈 L_1 的接头对调后,电路成为正反馈,满足振荡的相位平衡条件后,便可起振。

②适当增加反馈线圈 L_1 的匝数,即提高变压器二次侧绕组上的反馈电压 u_f,使反馈系数 F 增大,正反馈加强后,满足了振荡的振幅平衡条件,使电路能起振。

③β 值大的三极管,电压放大倍数 A_u 大,使 $A_uF>1$,容易使电路满足振荡的振幅平衡条件,使之产生自激振荡。

④波形上下都出现切割失真,其原因是振荡的信号过强,进入了三极管的非线性工作区域,解决的办法是适当减弱正反馈的强度,即适当减少反馈线圈 L_1 的匝数或适当调整静态工作点。

⑤因为在谐振回路谐振时,相当于一个纯电阻,此时 $Z=\dfrac{L}{RC}$。当 L 增大或 C 减小时,

意味着 Z 增大,而放大器的放大倍数也增大, $A_u = -\beta \dfrac{Z}{r_{be}}$,使 $A_u F > 1$,满足起振的振幅平衡条件。

⑥调整电阻 R_{b1} , R_{b2} 或 R_e 的阻值,可改变放大器的静态工作点,使之工作在一个合适的静态工作点上,保证了放大器的放大能力,使 A_u 不至于过小而不符合自激振荡的振幅平衡条件。

课堂练习题

一、填空题

1.自激振荡条件有两个:一是_____平衡条件,其表达式为_____;二是_____平衡条件,其表达式为_____。

2.RC 移相波振荡器由_____节以上的 RC 移相电路和放大电路组成,可移相_____度。

3.RC 正弦波振荡器可分为_____式和_____式两种。

4.电感三点式振荡器从交流角度看,三极管的 3 个电极分别与 LC 回路中_____的 3 个端相连。电容三点式振荡器的 3 个电极分别与_____ 3 个端相连。

5.变压器反馈式 LC 正弦波振荡器与调谐放大器相比,都由_____和_____网络组成,不同的是在变压器反馈式 LC 回路副边多了一个_____绕组。

6.正弦波振荡器主要由_____、_____、_____三大部分组成。

二、判断题

1.RC 振荡器常用在振荡频率较低的场合。 ( )

2.在 RC 选频振荡器中,为了减小谐波失真,提高电路的稳定性,可引入电流串联负反馈网络。 ( )

3.放大器与正弦波振荡器均能将电源的直流功率变为电路的交流信号输出。 ( )

4.正反馈网络在 LC 振荡器中用于满足振荡的幅度平衡条件。 ( )

5.正弦波振荡器必须同时满足相位平衡条件和幅度平衡条件才能使振荡稳定,二者缺一不可。 ( )

6.RC 振荡器振荡频率很低,它只能工作在低频段。 ( )

三、选择题

1.产生自激振荡的幅度平衡条件为:电压放大倍数 A_u 与反馈系数 F 应满足( )。

  A. $A_u F > 0$ B. $A_u F > 1$ C. $A_u F < 0$ D. $A_u F < 1$

2.已知谐振频率 $f_0 = \dfrac{1}{2\pi\sqrt{LC}}$，欲调整，则(　　)。

  A.只能调整 L　　　　B.只能调整 C　　　　C.调 L 和 C 均可　　　D.调 L 和 C 均不可

3.要振荡器起振,必须满足的条件是(　　)。

  A.相位平衡条件和幅度平衡条件　　　　　　B.相位平衡条件

  C.幅度平衡条件　　　　　　　　　　　　　D.相位平衡条件比幅度平衡条件更重要

4.LC 并联谐振回路处于谐振状态时,电路对外呈(　　)。

  A.感性　　　　　　　B.容性　　　　　　　C.阻性　　　　　　　D.不能确定

四、简答题

1.调谐放大器与变压器反馈式 LC 振荡器有什么区别?

2.怎样判断三点式振荡电路是否满足相位平衡条件?

五、分析题

1.根据自激振荡的相位平衡条件,判断图 5-3 的电路能否产生振荡。

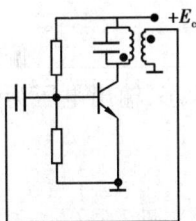

图 5-3

2.用瞬时极性法说明图 5-4 所示电路能否起振? 若能起振,是哪种类型的振荡器。

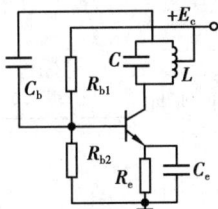

图 5-4

六、计算题

如图 5-5 所示,已知 $C_1 = C_2 = 500$ pF,$C = 50$ pF,$L = 1$ mH。

① 画出其交流等效电路。

② 计算其振荡电路频率。

③ 若 C_1、C_2 各增加 10 pF,其振荡频率是多少?

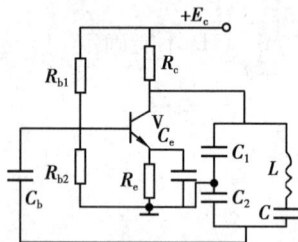

图 5-5

自我检测题

一、填空题

1. 正弦波振荡器不需要外来信号可直接将直流电能转换成具有一定_____、一定_____和一定_____的交流电能,产生交流信号。

2. 从 RC 串并联电路的特性可以看出:在谐振频率 f_0 上输出电压_____,偏离这个频率时输出电压幅度迅速_____,RC 串并联电路在谐振状态,输出电压为输入电压的_____倍。

3. 在石英晶片的两电极上加电压,晶片将产生_____。

4. 从石英晶片的频率特性可以看出,在 $f < f_s$ 范围晶体显_____性,在 $f_s < f < f_p$ 范围晶体显_____性,在 $f > f_p$ 范围晶体显_____性。

5. 三点式 LC 振荡电路分为_____和_____两类,它们的共同点是_____。

6. 由石英晶体组成振荡器,其突出的优点是_____。

7. 石英晶体的基本特性是具有_____效应,它在两电极上所加_____与其自身的_____是可逆的。

8. 石英晶体振荡器的振荡频率等于石英晶体的_____频率。

9. RC 选频式振荡器由_____和_____组成。

二、判断题

1. 变压器反馈式 LC 振荡器产生的波形好,但起振困难。   (   )

2. RC 振荡器的振荡频率从几赫兹到几十千赫兹,只能工作在低频段。   (   )

3.在 RC 选频振荡器中,因为 $U_2 = \frac{1}{3}U_1$,只要 $A_u > 3$,即满足起振条件。（　　）

4.在 RC 移相振荡器中,RC 移相电路必须移相 360° 才能满足起振条件。（　　）

5.石英晶体工作在串联谐振频率 f_s 和并联谐振频率 f_p 之间才显感性,在这个区域它的频率稳定度极高。（　　）

6.串联型石英晶体振荡器中,石英晶体在反馈电路上用于实现选频。（　　）

7.自激振荡的相位条件就是指电路的反馈必须为正反馈。（　　）

8.要使振荡器起振必须先给一个初始的冲击信号。（　　）

9.串联型石英晶体振荡器中,晶体对谐振信号具有放大能力。（　　）

10.克拉泼振荡电路是在典型电容三点式振荡电路的基础上,由电感支路串入小容量电容组成。（　　）

三、选择题

1.在线圈 L 和电容 C 组成的实际振荡回路中,（　　）。

A.L、C 均不消耗能量 　　　　　　　B.L、C 均消耗能量

C.L 消耗能量,C 不消耗能量 　　　　D.L 不消耗能量,C 消耗能量

2.选频振荡电路能放大所选择的频率,对其余频率进行衰减是因为经放大器和反馈网络后（　　）。

A.不满足相位平衡条件 　　　　　　　B.不满足幅度平衡条件

C.不满足幅度和相位平衡条件 　　　　D.其余信号被短路到地

3.变压器耦合 LC 振荡器和电感耦合 LC 振荡器在通过信号耦合实现正反馈过程中（　　）。

A.前者用电磁耦合,后者不是 　　　　B.后者用电磁耦合,前者不是

C.两者都不用电磁耦合 　　　　　　　D.两者都用电磁耦合

4.具有正反馈网络兼放大作用的电路是（　　）。

A.LC 振荡器 　　　　　　　　　　　B.调谐放大器

C.功率放大器 　　　　　　　　　　　D.负反馈放大器

5.如将石英晶体组合成并联型石英晶体振荡器,它的工作频率范围为（　　）。

A.$f_0 < f_s$ 　　　B.$f_0 > f_s$ 　　　C.$f_s < f_0 < f_p$ 　　　D.$f_0 = \frac{1}{2\pi\sqrt{LC}}$

6.某放大器电压放大倍数 $A = 100$,欲使其满足幅度平衡条件,其反馈系数 $F \geqslant$（　　）。

A.0.1 　　　　　　B.1.0 　　　　　　C.0.01 　　　　　　D.0.001

7.设某单级选频放大器输出信号与输入信号之间的相位差为 180°,则由该放大器组成振荡器时,反馈网络应产生的相位为（　　）。

A.0° 　　　　　　B.90° 　　　　　　C.180° 　　　　　　D.270°

四、问答题

1.某振荡电路起振后因电路原因,出现 $A_u F<1$,振荡将发生什么变化? 为什么?

2.用一节 RC 移相电路能否组成 RC 振荡器? 为什么?

3.改进型电容三点式振荡器有什么优点?

五、分析题

请用瞬时极性法判断图 5-6 所示电路能否起振。

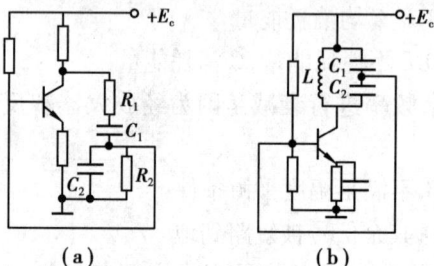

（a）　　　　　　（b）

图 5-6

六、计算题

如图 5-7 所示电路中,已知 $L=2$ mH, $C_1 = C_2 = 500$ pF,计算振荡器频率,并画出其交流通路。

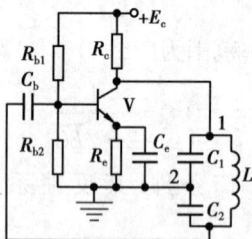

图 5-7

第六章　高频信号处理电路

学习目标

(1)了解无线电波的概念；

(2)理解无线电发送和接收的原理；

(3)了解调谐与检波、调谐与鉴频等概念；

(4)了解调幅与检波的方法；

(5)理解调频与鉴频的方法；

(6)理解变频器的功能与工作原理；

(7)掌握超外差收音机的组成框图。

知识要点

一、有关概念及基本单元电路

1.无线电波的概念

变化的电场周围产生变化的磁场,变化的磁场又在周围产生变化的电场,变化的电场还将在周围更远的空间产生变化的磁场,这样磁场和电磁不断地相互交替产生,把电磁场向四周空间传播开来,形成电磁波。无线电波是电磁波的一种。

2.无线电波的传播

无线电波的传播途径有地面波、天波、空间波。地面波是沿地球表面进行传播,天波是利用天空中电离层的反射而进行传播,空间波是电磁波由发射天线直接辐射到接收天线。

3.无线电广播的实质

无线电广播的实质是声—电—声的转换过程。发射端将声音信号转变成电信号经过调制放大后用天线发射出来;接收端用天线接收到信号经过解调放大后,用喇叭还原出声音。

4.调制

用低频信号去控制高频信号的过程称为调制。低频信号称为调制信号,高频信号称为载波,经调制后输出的信号称为已调信号。

调制的方式有调幅、调频、调相。

5.解调

从已调制的高频信号中还原出低频信号的过程称为解调。

解调的方式有检波、鉴频、鉴相。

6.调幅

用低频信号去控制高频信号幅度的过程称为调幅。

调幅波的特点是频率与载波的频率一致,包络线波形与调制信号波形一致。通常利用二极管或三极管的非线性特点进行调幅。

调幅波分为长波、中波、短波。调幅广播的带宽为 10 kHz。

7.检波

从高频调幅波中检出低频信号的过程为检波,检出来的低频信号的频率和形状都与高频调幅波的包络线一致。

检波电路的核心器件是二极管或三极管。

8.调频

用低频信号去控制高频信号频率的过程称为调频。

调频波的特点是幅度与载波的幅度一致;频率随调制信号的波形变化而发生变化,信号幅度越小,频率越小。

调频广播的范围是 87～108 MHz。调频广播的带宽为 200 kHz。

9.鉴频

从高频调频波中解调出原来调制信号的过程。

对称比例鉴频器是一种典型的鉴频器,其输出电压 $u_。$ 与比值 u_{VD_1}/u_{VD_2} 有关,故称为对称比例鉴频器。

二、超外差收音机

1.超外差收音机的结构

晶体管超外差式收音机由输入回路、变频级、中频放大级、检波级、AGC 电路、前置低频放大器和功放等组成。

把分散在各个频率点的电台信号,在收音机里变成一个固定的频率(这个频率称中频)信号,这个固定中频信号是 465 kHz。完成这个频率变换功能的电路称为变频级,它由混频和本振两部分组成。

2.超外差收音机的工作原理

输入电路从接收天线收到的许多广播电台发射的高频调幅波信号中选出所需接收的电台信号,将它送入变频电路,产生固定的 465 kHz 中频信号,再送到中频放大电路放大,将放大后的中频信号送到检波器,还原成音频信号,再送到前置低频放大和功率放大,然后送到扬声器还原成声音。

解题示例

例 6-1 图 6-1 所示为超外差收音机组成框图,采用低中频(f=465 kHz),请说明方框1和方框2的电路名称,并简述其功能。

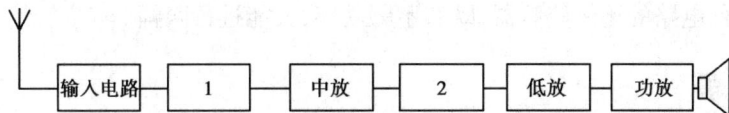

图 6-1

解: 方框1的名称是变频电路,它由混频和本振两部分组成。其功能是将天线接收的信号经过输入电路选频后的电台信号变成频率固定的中频信号 465 kHz,然后送到中放。

方框2的名称是检波电路,其功能是从中频调幅波中取出低频调制信号,然后送到低频放大器。

课堂练习题

一、填空题

1.无线电波是_____波的一种,其传播速度等于光速,即_____ m/s。

2.无线电波从发射端到接收端的传播途径有_____种,分别是_____和_____、_____。

3.电视节目、调频电台节目、雷达都采用_____波方式传播,即视距传播的_____与发射天线、接收天线的高度有关。

4.无线电广播过程的实质是_____的转换过程,在发射端采用电子技术的方法将声音转变为_____,经过调制后用天线发射出去;接收机接收到高频信号后,利用电子电路进行放大和解调,取出_____信号,通过喇叭还原成_____。

5.调频波比调幅波的频带_____,我国规定:调幅电台的频带宽为_____,调频电台的频带宽为_____,调频接收机的中频频率为_____,调幅接收机的中频频率为_____。

6.调频是让高频载波的_____随_____信号而变化,但载波的_____不变。

二、判断题

1.调幅波比调频波的抗干扰性好。　　　　　　　　　　　　　　　　　　(　　)

2.收音机接收的电台信号变化较大时,自动增益控制电路能保证音量跟着变化。

(　　)

3.无线电广播的调制过程有调幅、调频两种。 （　　　）

4.对称比例鉴频器是调幅波解调电路。 （　　　）

5.无线电波具有波的特性,没有辐射传播能力。 （　　　）

6.超外差式收音机由于采用了固定中频频率,在保证性能好的同时,还能保证高灵敏度和高增益。 （　　　）

7.接收机的解调方法有检波和鉴频两种。 （　　　）

8.分立元件电路的比例鉴频器,既有鉴频功能,又能进行限幅。 （　　　）

三、选择题

1.接收机中实现将高频调幅波还原为低频调制信号的电子线路是(　　　)。

　　A.调谐回路　　　　　B.放大电路　　　　　C.扬声器　　　　　D.检波器

2.无线电波波段的划分依据是(　　　)。

　　A.波的基本特性　　　B.节目性质　　　　　C.频率和波长　　　D.发射、接收途径

3.超外差式收音机混频的功能是进行频率变换,保证本机振荡频率比信号频率高(　　　)。

　　A.465 kHz　　　　　B.200 kHz　　　　　C.456 Hz　　　　　D.10 kHz

4.调频的过程是用低频调制信号控制载波的(　　　)。

　　A.幅度　　　　　　　B.频率　　　　　　　C.相位　　　　　　D.初相位

5.调幅波的解调过程利用了二极管的(　　　)。

　　A.单向导电性　　　　B.非线性　　　　　　C.线性特性　　　　D.低频特性

6.调频波是一种(　　　)。

　　A.电压正弦波　　　　B.高频载波　　　　　C.余弦波　　　　　D.等幅波

四、简答题

1.调频波与调幅波有哪些区别?

2.画出超外差式调幅收音机的方框图,并说明其信号流程。

自我检测题

一、填空题

1.无线电广播、电视广播都是利用_____进行传播。

2.无线电波本质上是一种_____。

3.无线电波的传播途径有_____、_____和_____。

4.采用电子技术的办法将声音信号变成_____，将其加到_____信号中去,这就是无线广播。

5.用低频信号去控制高频信号的过程称为_____,其中低频信号称为_____,高频信号称为_____。

6.调频就是使高频信号的_____被低频信号所控制。而调幅是指_____信号幅度被_____信号控制。

7.超外差式收音机的本机振荡信号始终比外来信号高_____kHz。

8.调频广播的频率范围是_____。

9.一般利用二极管或三极管的_____特点来实现检波。

10.对称比例鉴频器是一种典型的鉴频器,其_____与比例 U_{VD_1}/U_{VD_2} 有关。

11.超外差式收音机中频选频回路选出的是_____的中频信号。

12.调幅是用调制信号去改变高频载波的_____,但载波的_____不变。

二、判断题

1.现在已经进入数字通信时代,因此现代通信不再需要无线电波传播了。　　(　　)

2.天波就是电磁波发射天线发射的信号在空中传播到接收天线。　　(　　)

3.质量好的天线收到的高频信号很强,可以直接通过喇叭还原成声音。　　(　　)

4.检波器能将高频信号变成低频信号。　　(　　)

5.对称比例鉴频器取出输出信号电压大小与输入信号电压大小成比例。　　(　　)

6.超外差式收音机具有在保证高放大倍数的特点,同时也保证了良好选择性。

(　　)

7.超外差式收音机始终保持外来信号频率比本机振荡频率高465 kHz。　　(　　)

三、选择题

1.电磁波利用绕射方式传播时,采用(　　)波比较合适。

　A.短波　　　　　　B.超长波　　　　　　C.长、短波　　　　　D. 长、中波

2.地下通信一般采用(　　)无线电波。

　A.高频　　　　　　B.低频信号　　　　　C.超高频　　　　　　D.特低频

3.根据无线电广播发射和接收的原理,发射前必须将声音信号变成(　　)。

　A.超高频信号　　　B.极低频信号　　　　C.低频信号　　　　　D.至高频信号

4.调幅中,已调波的(　　)按调制信号的变化而变化。

　A.振幅　　　　　　B.频率　　　　　　　C.波长　　　　　　　D.以上均有可能

5.无论是调幅还是检波都必须用(　　)元件才能实现。

　A.存储　　　　　　B.线性　　　　　　　C.非线性　　　　　　D.以上都不对

6.鉴频的作用是将使调频信号变换成原来的(　　)信号。

　A.高频　　　　　　　B.调制　　　　　　　C.载波　　　　　　　D.辅助

四、简答题

1.简述超外差收音机的工作原理。

2.简述什么是调幅和检波。

3.简述什么是调频与鉴频。

4.简述无线电接收机的结构和工作原理,以及各部分的作用。

第七章　晶闸管及应用电路

学习目标

(1) 了解单向晶闸管和双向晶闸管的管脚功能;

(2) 了解单向晶闸管和双向晶闸管的工作原理及工作特点;

(3) 了解单向晶闸管和双向晶闸管的检测方法;

(4) 了解单向晶闸管和双向晶闸管的应用领域。

知识要点

1.晶闸管常识

晶体闸流管简称晶闸管,俗称可控硅(SCR),是一种控制强电的半导体器件,主要用于无触点开关电路和可控整流设备。

晶闸管的工作特点是在满足二极管导通的条件下还必须在其控制端加触发信号,管子才能导通并工作。

2.晶闸管分类

常用的晶闸管可分为单向晶闸管、双向晶闸管、可关断晶闸管、逆导晶闸管、光控晶闸管和快速晶闸管等。

3.单向晶闸管结构

单向晶闸管内部有 3 个 PN 结,相当于两只晶体三极管连接在一起,一个为 PNP 型,另一个为 NPN 型。单向晶闸管的工作特点如图 7-1 所示,A 为阳极,K 为阴极,G 为控制极。

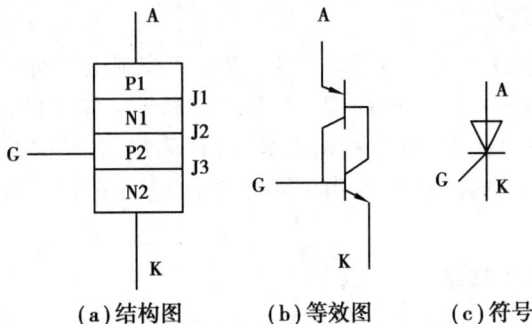

|　(a)结构图　　　(b)等效图　　　(c)符号|

图 7-1

4.单向晶闸管的工作特点

①单向晶闸管导通必须具备两个条件:一是阳极和阴极之间接正向电压;二是控制极与阴极之间也要接正向电压。

②单向晶闸管一旦接通,去掉控制极电压时,单向晶闸管仍然导通。

③导通后,单向晶闸管要关断,必须将阳极电压降到一定程度,或者阳极电流小于维持电流。

④单向晶闸管一旦关断,即使阳极 A 和阴极 K 之间又重新加上正向电压,仍需在控制极 G 和阴极 K 之间重新加上正向触发电压才可再次导通。

单向晶闸管的导通与截止状态相当于开关的闭合与断开状态,用它可制成无触点开关。

⑤单向晶闸管具有控制强电的作用,即利用弱电信号(触发信号)对控制极的作用就可使单向晶闸管导通去控制强电系统。

5.单向晶闸管的检测

(1)管脚判断

用指针式万用表 R×1 kΩ 挡,分别测任意两只脚正反向电阻,6 次测试中最小一次中与黑表笔相接的是控制极,与红表笔相接的阴极,另一只为阳极。

(2)质量判断

用指针式万用表 R×1 Ω 挡,黑表笔接阳极、红表笔接阴极,此时万用表指针不动。黑表笔在不断开与阳极连接的同时去碰触控制极,此时万用表读数变小;黑表笔在不断开与阳极连接的情况下断开控制极;读数仍然小,说明此单向晶闸管质量良好。

6.单向晶闸管的应用

(1)整流

单向晶闸管整流电路优于二极管半波整流和桥式整流电路。二极管整流不能调整输出电压的平均值,而单向晶闸管整流电路可以通过调整导通角的大小来调整输出电压的平均值。

(2)交流调压

通过调整单向晶闸管导通角的大小来改变负载两端交流电压的有效值,达到交流调压的目的。

7.双向晶闸管的结构

双向晶闸管是由制作在同一硅单晶片上,由一个控制极的两只反向并联的单向晶闸管所构成。双向晶闸管是 N—P—N—P—N 5 层三端半导体器件,对外引出 3 个电极,2个主电极,分别用 T_1 和 T_2 表示;1 个控制电极,用 G 表示,其结构、符号如图 7-2 所示。

也可以这样理解,双向晶闸管相当于两个单向晶闸管的反向并联,但只有一个控制极。

8.双向晶闸管的工作特点

①在主电极之间加电压而控制极无触发信号,双向晶闸管不导通。

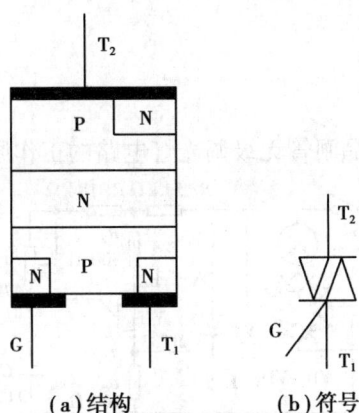

(a)结构　　　　(b)符号

图 7-2

②无论主电极电压极性如何,在主电极正、反两个方向均可触发双向晶闸管,如图 7-3 所示。

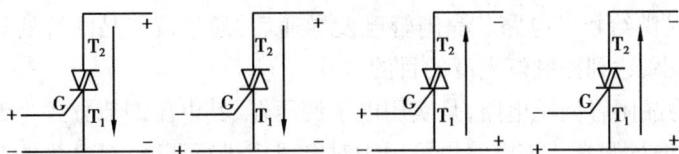

图 7-3

③双向晶闸管导通后去除触发信号能继续保持导通,但主电极电压为零时,双向晶闸管自行阻断。此时只有重新加触发电压方可再次导通。由于双向晶闸管具有正、反两个方向都能导通的特性,所以它的输出电压不像单向晶闸管那样是直流,而是交流形式,故称为交流无触点开关。

9.双向晶闸管的检测

(1)管脚 T_2 判断

用指针式万用表 R×1 Ω 挡,分别测量各管脚的正、反向电阻,若测得两管脚的正、反向电阻都很小,即为 T_1 和 G 极,而剩下的一脚为 T_2。

(2)管脚 T_1 和 G 及质量判断

假设其中一脚为 T_1,另一脚为 G,用红表笔接 T_2,黑表笔接假设的 T_1,读数大,红表笔在不断开与 T_2 连接的同时去短接假设的 G,读数会变小;然后红表笔在不断开 T_2 的情况下断开与 G 的连接,若读数仍然小,则假设的 T_1 和 G 是正确的。交换红黑表笔,若用同样的方法测量得到同样的结果,则说明此双向晶闸管的质量良好。

10.双向晶闸管的应用

双向晶闸管主要用于交流调压、电机调速、交流开关、路灯控制、温度控制、台灯调光、舞台调光等,还被用于固态继电器和固态接触器电路中。

11.特殊晶闸管

具有特殊功能及用途的晶闸管有可关断晶闸管、逆导晶闸管、光控晶闸管、温控晶闸管和快速晶闸管等。

解题示例

例7-1　分析图7-4所示晶闸管无级调光灯电路的工作原理。

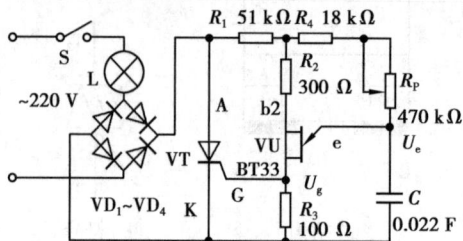

图7-4　晶闸管无级调光灯电路

【分析】　分析该电路结构,单向晶闸管是该电路的核心器件。220 V 电压经二极管 $VD_1 \sim VD_4$ 整流后,加到晶闸管的 A、G 两端的电压是一个正弦脉动电压。该电压经限流电阻降压,然后提供给触发电路。晶闸管触发导通后,通过调节晶闸管的导通角,即可控制工作电压的大小,达到控制灯亮度的目的。

解:该电路为晶闸管调压电路,是实用电子调压器,其电压调节方式为无级连续可调,能有效地对电灯进行调光。该电路也可用于对电风扇进行调速,对电热毯进行调温。

当交流电经过桥式整流后,加在晶闸管阳极和阴极两端的是脉冲电压,它经限流电阻 R_1 作为直流电源和同步电压供给触发电路。正弦脉动电压每半个周期内,当电容 C 上充电电压达到单结晶体管峰点时,单结晶体管由截止变导通,电容 C 放电,在 R_3 上输出一个脉冲,加至晶闸管控制极,触发晶闸管导通,于是有电流通过灯泡。

晶闸管导通后,整流输出正向压降下降(1 V 左右),导致振荡器停止工作。当正弦脉冲电压过零时,晶闸管关断,待到下一个周期开始时,电容 C 又重新充电,重复上述过程。

调节电位器 R_P 的大小可以改变每半个周期内晶闸管导通时间的长短,从而控制供给灯泡的工作电压,即调整灯泡的亮度。R_P 值越小,电容 C 所需充电时间越短,促使单结晶体管到达峰点电压而导通,因而晶闸管的导通角就大,灯泡就越亮。反之,灯泡就变暗。

课堂练习题

一、填空题

1.晶闸管是_____的简称,又名_____。

2.单向晶闸管有_____、_____和_____ 3 个电极,分别用字母_____、_____、_____表示。

3.单向晶闸管由_____层半导体组成;双向晶闸管由_____层半导体组成。

4.单向晶闸管导通的条件是在_____和_____之间加正向电压,

_____和_____之间同时加正向电压。单向晶闸管导通后_____就失去了控制作用。

5.单向晶闸管关断的条件是_____或_____。

6.根据单向晶闸管原理,可以将其看成_____型和_____型两个晶体三极管互联。

7.双向晶闸管可以看作是_____。它没有阳极和阴极之分,具有正、反两个方向都能_____的特性,故可以用在_____电路上。

8.根据单向晶闸管的工作原理,用指针式万用表可以估测晶闸管的好坏,用万用表_____挡,黑表笔接_____极,红表笔接_____极,这时晶闸管具备_____条件,此时指针应接近_____。在保持两表笔接法不变时,用_____表笔去接触_____,若万用表指针_____,再断开与_____相连的表笔,如果万用表指针_____,说明该晶闸管是好的。

9.单向晶闸管很像二极管,它与二极管的最根本的区别是它的导通是_____。

10.晶闸管整流电路中,若晶闸管的控制角 α 减小,则输出的直流电压将_____。

11.双向晶闸管是一种开关元件,它能用_____信号去控制_____的输出电流,可以避免跳动的触点引起的电弧。

二、判断题

1.晶闸管和晶体管都能通过小电流去控制大电流,因此它们都具有放大作用。
　　　　　　　　　　　　　　　　　　　　　　　　　　　　　　(　　)

2.晶闸管只要加正向阳极电压就导通,加反向电压就关断,所以晶闸管具有单向导电性。
　　　　　　　　　　　　　　　　　　　　　　　　　　　　　　(　　)

3.晶闸管导通后,若阳极电流小于维持电流,则晶闸管必然自行关断。　(　　)

4.晶闸管具有阳极电流随控制的电流按比例增大的作用。　　　　　　(　　)

5.晶闸管的整流原理是通过控制晶闸管在每半个周期的导通角,从而控制输出电压。
　　　　　　　　　　　　　　　　　　　　　　　　　　　　　　(　　)

三、选择题

1.要使单向晶闸管导通,必须满足(　　　)。
　A.加正向电压　　　　　　　　　　B.加触发电压
　C.加正向电压的同时加触发电压　　D.加正偏电压

2.晶闸管导通后通过晶闸管的电流大小取决于(　　　)。
　A.负载电阻　　　　　　　　　　　B.晶闸管电流容量
　C.晶闸管阳阴极之间的电压　　　　D.正向电压大小

3.晶闸管由导通变为关断的充要条件是(　　　)。
　A.流过晶闸管的电流小于维持电流　B.去掉触发电压

C.改变电源极性　　　　　　　　　D.改变负载大小

4.关于双向晶闸管,下列说法正确的是(　　)。

A.只要存在触发信号和主电极电压,晶闸管就导通

B.加正向触发信号,只能正向导通;加反向触发电压,只能反向导通

C.控制极无触发信号,双向晶闸管也可以导通

D.只要存在触发信号电压,晶闸管就导通

5.晶闸管与普通二极管(　　)。

A.正向特性相似

B.反向特性相似

C.反向特性相似,正向特性相似但分条件而定

D.可能导通

6.晶闸管两端突然加上一个正向电压,晶闸管(　　)。

A.导通　　　　　　　　　　　　　B.截止

C.如果超过转折电压就导通　　　　D.可能导通

7.晶闸管整流电路输出电压的改变是通过(　　)来实现的。

A.调节触发电压高低　　　　　　　B.调节电源电压大小

C.调节阳极电压大小　　　　　　　D.调节控制角大小

8.触发信号一般采用(　　)形式。

A.交流　　　　　B.直流　　　　　C.脉冲　　　　　D.正弦波

9.晶闸管整流电路中,将触发信号出现的时间间隔调大,则输出直流电压将(　　)。

A.增大　　　　　B.下降　　　　　C.不改变　　　　D.略有增加

10.以下整流电路中,输出直流电压可以调整的是(　　)。

A.桥式整流　　　　B.半波整流　　　　C.晶闸管整流　　　　D.全波整流

四、作图题

画出两种晶闸管的图形符号,并分别标出其电极名称。

五、问答题

1.简述单向晶闸管的工作特点。

2.简述双向晶闸管的工作特点。

自我检测题

一、填空题

1.晶闸管是一种_____的半导体器件,它广泛用于各种_____电路及_____设备中。

2.单向晶闸管的导通条件是_____,同时控制极与阴极之间要加适当的_____,导通后_____便失去了控制作用。导通后,晶闸管要关断必须使阳极电流_____。

3.晶闸管工作时只有_____和_____两种状态,因此可以用它制成_____。

4.晶闸管整流电路与晶体二极管整流电路的区别是晶闸管整流输出电压能够_____,而晶体二极管整流电路的输出电压_____。

5.单向半波晶闸管整流电路的最大控制角为_____,最大导通角为_____。

6.双向晶闸管可以看成_____的单向晶闸管。它没有阳极和阴极之分,具有_____的特性,故可以用在交流开关上。

7.桥式晶闸管整流电路中,当输入交流电压过零时晶闸管必将_____。

8.晶闸管整流电路中,可通过调整触发信号的出现时间来改变晶闸管的控制角,从而实现控制_____。

二、判断题

1.晶闸管导通后,其导通电流的大小不受控制极控制,而取决于负载的大小。（　　）

2.晶闸管和整流二极管都具有单向导电性,因此晶闸管可用来做一般的整流管。

（　　）

3.晶闸管整流电路是通过改变晶闸管的电压大小来实现输出电压连续调节的。

（　　）

4.为了使晶闸管可靠触发,触发信号越大越好。（　　）

5.不管晶闸管采用何种形式的触发信号,控制极对阴极来说必须设计正极性。

（　　）

6.控制极加负偏压可以提高晶闸管触发电路抗干扰触力,负偏压越大越好。（　　）

7.用万用表 R×1 kΩ 挡测试单向晶闸管任意两极间的电阻都是无穷大。（　　）

8.晶闸管一旦触发导通,就不会再关断。（　　）

9.晶闸管的触发信号必然是正弦波信号。（　　）

10.双向晶闸管没有正负电极之分,且具有双向导通的特点。（　　）

三、单项选择题

1.在桥式整流电路中,与负载串联一只晶闸管是为了(　　)。
　　A.控制输出电压峰值　　　　　　　B.控制输出电压平均值
　　C.控制输出电压平均值　　　　　　D.整流

2.关于双向晶闸管,下列说法不正确的是(　　)。
　　A.双向晶闸管主电极加正、负电压,控制极加正向触发电压,晶闸管就导通
　　B.双向晶闸管主电极加正、负电压,控制极加反向触发电压,晶闸管就导通
　　C.双向晶闸管主电极加正、负电压,控制极不加触发电压,晶闸管也导通
　　D.双向晶闸管主电极加正电压,控制极加负向触发电压,晶闸管也导通

3.双向晶闸管是五层三端半导体器件,(　　)。
　　A.可等效于两只单向晶闸管反向串联
　　B.可等效于两只单向晶闸管反向并联
　　C.可等效于两只单向晶闸管同向并联
　　D.可等效于两只单向晶闸管同向串联

4.单向晶闸管由 4 块掺杂半导体组成,三极管由 3 块掺杂半导体组成,二极管由 2 块掺杂半导体组成,(　　)。
　　A.一只二极管,一只三极管组合具有一只单向晶闸管的功能
　　B.两只三极管组合后可具有一只单向晶闸管的功能
　　C.二极管与三极管任何组合形式均不会有一只单向晶闸管的功能
　　D.两只二极管串联具有一只单向晶闸管的功能

5.双向晶闸管的导通条件是(　　)。
　　A.主电极加正、负电压,控制极只能加幅度足够的正电压
　　B.主电极加正、负电压,控制极只能加幅度足够的负电压
　　C.主电极加正、负电压,控制极加幅度足够的正、负电压均可
　　D.主电极加正、负电压,控制极不加电压

四、问答题

1.为什么说晶闸管具有"弱电控制强电"的作用?

2.什么是控制角? 什么是导通角? 它们之间的关系如何?

3.怎样用万用表区分晶闸管的阳极、阴极和控制极? 如何简单判断晶闸管的好坏?

五、分析题

图 7-5 为无级调光台灯电路,试分析其工作原理。

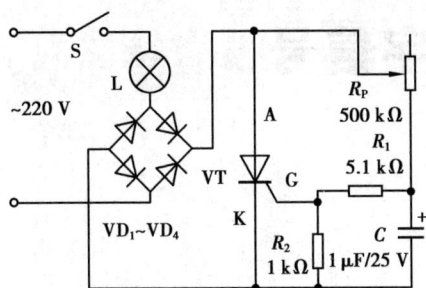

图 7-5

第八章　数字信号

学习目标

（1）了解模拟信号与数字信号的优缺点；

（2）了解脉冲的概念及脉冲的主要参数；

（3）理解数字信号的表示方法；

（4）掌握二进制与十进制相互转换的方法；

（5）掌握基本逻辑门电路的逻辑关系、逻辑表达式、真值表、逻辑符号；

（6）了解 TTL 门与 CMOS 门的优缺点和选用方法；

（7）掌握逻辑函数的运算法则和常用的化简方法；

（8）掌握逻辑电路图、逻辑表达式、真值表之间的互换方法。

知识要点

一、脉冲与数字信号

1.脉冲的概念

脉冲是指持续时间极短、瞬间突变的电压或电流信号。广义地讲，只要是按非正弦规律变化的电流、电压都是脉冲。脉冲可以是周期性重复的，也可以是非周期性的或单位次的。

2.脉冲的主要参数

脉冲幅度 U_m、脉冲宽度 t_w、脉冲周期 T 或频率 f 是脉冲最主要的参数。

3.常见的脉冲波形

常见的脉冲波形有矩形波、方波、锯齿波、三角波、阶梯波等。

4.模拟信号和数字信号

模拟信号在时间与数值上都是连续变化的，数字信号在时间与数值上均是离散变化的。

与模拟信号相比，数字信号具有抗干扰能力强、保密性强、传输质量高、便于存储和交换等诸多优点。

数字信号的表示方法一般用逻辑电平表示,用"0"表示低电平,用"1"表示高电平,这称为正逻辑,反之称为负逻辑。

二、数制与编码

1.十进制转换成二进制的方法

整数的转换采用"除 2 取余倒记法"（即逐次除以 2,直至商为 0,得出的余数倒排）,小数部分的转换采用"乘 2 取整顺记法"。

2.二进制转换成十进制的方法

"乘权相加法",关系式为:

$$(N)_D = a_{n-1} \times 2^{n-1} + a_{n-2} \times 2^{n-2} + \cdots + a_1 \times 2^1 + a_0 \times 2^0$$

3.8421BCD 码

数字电路只能处理二进制数据,但人们习惯用十进制数。所以用 4 位二进制数去表示 1 位十进制数的方式称为 8421BCD 码。0~9 的 BCD 编码详见表 8-1。

表 8-1　十进制数 0~9 的 BCD 编码

十进制数	BCD 码	十进制数	BCD 码	十进制数	BCD 码
0	0000	4	0100	8	1000
1	0001	5	0101	9	1001
2	0010	6	0110	×	×
3	0011	7	0111	×	×

三、逻辑门电路

1.基本逻辑门

基本逻辑门电路有与门、或门、非门 3 种,基本逻辑门的比较详见表 8-2。

表 8-2　基本逻辑门比较

名　称	逻辑符号	逻辑表达式	逻辑功能	分立元件门电路
与门	A B —&— Y	$Y = A \cdot B$	有 0 出 0,全 1 出 1	

续表

名　称	逻辑符号	逻辑表达式	逻辑功能	分立元件门电路
或门	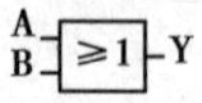 A B ≥1 Y	$Y=A+B$	有1出1,全0出0	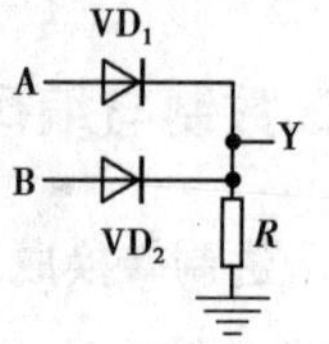
非门	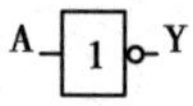 A 1 Y	$Y=\overline{A}$	取反	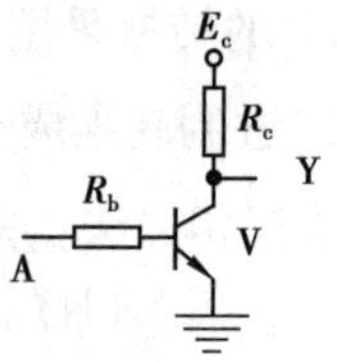

2.常用逻辑门

常用逻辑门有与非门、或非门、与或非门、异或门、同或门,详见表8-3。

表8-3　常用逻辑门比较

名　称	逻辑符号	逻辑结构	逻辑表达式	逻辑功能
与非门	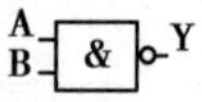 A B & Y	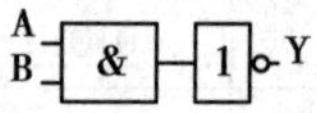 A B & 1 Y	$Y=\overline{A\cdot B}$	有0出1,全1出0
或非门	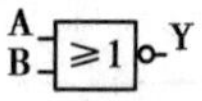 A B ≥1 Y	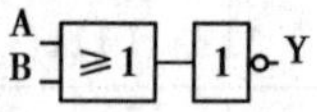 A B ≥1 1 Y	$Y=\overline{A+B}$	有1出0,全0出1
与或非门	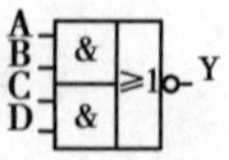 A B C D & & ≥1 Y	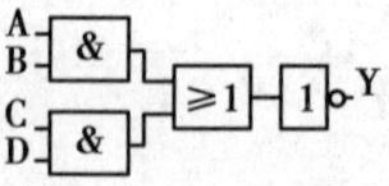 A B C D & & ≥1 1 Y	$Y=\overline{AB+CD}$	全1或其中一组全为1时出0,全0或每组有0时出1
异或门	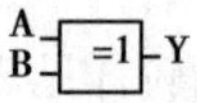 A B =1 Y	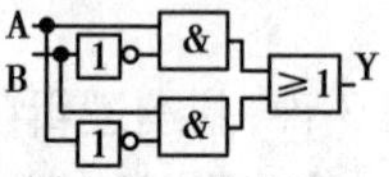	$Y=\overline{A}B+A\overline{B}$	相异时出1,相同时出0
同或门	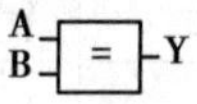 A B = Y	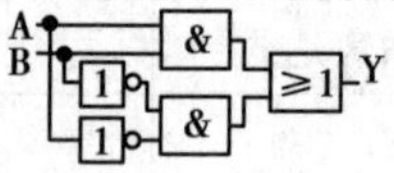	$Y=\overline{A}\,\overline{B}+AB$	相同时出1,相异时出0

3.集成逻辑门电路

在实际使用中,门电路一般以集成电路的形式出现,分为 TTL 和 CMOS 两大类。TTL 门内部由晶体三极管构成。CMOS 门的内部由场效应管构成。

四、逻辑函数的化简

1.逻辑函数的表示法及基本运算

逻辑函数的表示法有真值表、表达式、逻辑图。这3种形式所描述的逻辑函数是相同的,它们可用于不同的场合。

在逻辑运算中,基本的逻辑关系有与、或、非3种。在逻辑函数中,相应地也有3种基本逻辑运算,即与运算、或运算和非(求反)运算。

逻辑运算与数学运算的方法基本一致,但要注意逻辑运算中的 $1+1=1$,二者的意义是不一样的,逻辑运算中的"0"和"1"是表示状态,而不是数值的大小。

2.逻辑函数的基本公式

逻辑函数的基本公式见表8-4。

表 8-4　逻辑函数的基本公式

逻辑运算	表达式	
变量和常量的逻辑加	$A+0=A$	$A+1=1$
变量和常量的逻辑与	$A \cdot 0=0$	$A \cdot 1=A$
变量与反变量的"或"和"与"	$A+\bar{A}=1$	$A \cdot \bar{A}=0$

3.逻辑函数的基本定律

逻辑函数的基本定律见表8-5。

表 8-5　逻辑函数的基本定律

定　律	表达式	
交换律	$A+B=B+A$	$A \cdot B=B \cdot A$
结合律	$A+B+C=(A+B)+C=A+(B+C)$	$A \cdot B \cdot C=(A \cdot B) \cdot C=A \cdot (B \cdot C)$
重叠律	$A+A=A$	$A \cdot A=A$
分配律	$A+B \cdot C=(A+B) \cdot (A+C)$	$A \cdot (B+C)=A \cdot B+A \cdot C$
吸收律	$A+AB=A$	$A \cdot (A+B)=A$
摩根定律	$\overline{A+B}=\bar{A} \cdot \bar{B}$	$\overline{A \cdot B}=\bar{A}+\bar{B}$
非非律	$\overline{\overline{A}}=A$	

4.逻辑函数化简的常用方法

逻辑函数化简有两个评价标准:一是项最少;二是在项最少的情况下,每项内的变量最少。化简的常用方法如下:

并项法:利用公式 $AB+A\bar{B}=A$,将两项合成一项,并消去一个变量。

吸收法:利用公式 $A+AB=A$ 吸收多余的项。

消去法:利用公式 $A+\bar{A}B=A+B$ 消去多余的因子。

配项法:利用公式 $A+\bar{A}=1$ 为表达式中的某一项配项,拆为两项,再与其他项合并化简。

五、逻辑电路图、表达式和真值表之间的互换

1.逻辑电路图转化为逻辑表达式的方法

从电路图的输入端开始,逐级写出已知门电路的逻辑表达式,一直到输出端。

2.逻辑表达式转化为真值表的方法

若输入变量有 n 个,则输入端共有 2^n 种不同状态,列出的表格有 $n+1$ 列、2^n+1 行,然后填入输入变量,并计算出相应的输出 Y。

3.真值表转换为表达式的方法

从真值表中找出输出为 1 的各项,把每行的输入变量写成逻辑乘的形式;输入为 1 时取原变量,输入为 0 时取反变量;把各乘积项进行逻辑加。如有必要,应对写出的逻辑表达式进行化简。

解题示例

例 8-1　请将十进制数 22 转换成二进制数。

【分析】　十进制数转换成二进制数一般采用"除 2 取余倒记法"。逐次除以 2,直至商为 0,把最后一次计算的商放在第一位,接下来是最后一次计算的余数,接下来是上一次计算的余数,依次类推,直到第一次计算的余数为最后一位,就是二进制数整数部分的数码。

解:对 22 进行转换

```
2 | 22        ………………………… 余数=0    由
  2 | 11      ………………………… 余数=1    下
    2 | 5     ………………………… 余数=1    往
      2 | 2   ………………………… 余数=0    上
        2 | 1 ………………………… 余数=1    记
          0                              余
                                         数
```

所以,$(22)_D = (10110)_B$

例 8-2　请将二进制数 $(10110)_B$ 转换成十进制数。

【分析】　二进制数转换为十进制数的方法是"乘权相加法"。从最后一位开始算,依次列为第 0、1、2…位,第 n 位的数(0 或 1)乘以 2 的 n 次方,得到的结果相加就是答案。

解:$(N)_D = 1 \times 2^4 + 0 \times 2^3 + 1 \times 2^2 + 1 \times 2^1 + 0 \times 2^0 = 16 + 0 + 4 + 2 + 0 = 22$

所以:$(10110)_B = (22)_D$

例 8-3　化简:$Y_1 = AB + \bar{A}\bar{B} + \bar{A}B + A\bar{B}$, $Y_2 = AB + \bar{A}C + \bar{B}C$, $Y_3 = AD + A\bar{D} + AB + \bar{A}C + BD$。

【分析】　利用公式法进行化简,本题要求能正确、灵活地运用公式、定理。化简方法不是唯一的,只要能熟练掌握并灵活运用公式,均能得到正确的最简表达式。

解: (1) $Y_1 = AB + A\overline{B} + \overline{A}\overline{B} + \overline{A}B$

$\qquad = A(B+\overline{B}) + \overline{A}(\overline{B}+B)$——提取公因子 A、$\overline{A}$,利用公式 $A+\overline{A}=1$ 消去变量 B

$\qquad = A+\overline{A}$　　　　　——利用公式 $A+\overline{A}=1$ 消去变量 A

$\qquad = 1$

(2) $Y_2 = AB + \overline{A}\overline{C} + B\overline{C}$

$\qquad = AB + \overline{A}\overline{C} + (A+\overline{A})B\overline{C}$——配项法,配入 $A+\overline{A}=1$

$\qquad = AB + \overline{A}\overline{C} + AB\overline{C} + \overline{A}B\overline{C}$——分配律,将 $(A+\overline{A})B\overline{C}$ 化为两项

$\qquad = (AB + AB\overline{C}) + (\overline{A}\overline{C} + \overline{A}\overline{C}B)$——提取公因子并利用公式 $A+1=1$ 消去多余因子

$\qquad = AB + \overline{A}\overline{C}$

(3) $Y_3 = AD + A\overline{D} + AB + \overline{A}C + BD$

$\qquad = (AD + A\overline{D}) + AB + \overline{A}C + BD$——提取公因子并利用公式 $A+1=1$ 消去多余因子

$\qquad = A + AB + \overline{A}C + BD$——提取公因子并利用公式 $A+1=1$ 消去多余因子

$\qquad = (A + \overline{A}C) + BD$——利用公式 $A+\overline{A}B = A+B$ 消去多余的因子。

$\qquad = A + C + BD$

例 8-4　证明: $AB + \overline{A}C = \overline{\overline{A}B + A\overline{C}}$,$\overline{A\overline{B} + \overline{A}B} = AB + \overline{A}\overline{B}$。

【分析】　本题主要求能正确、灵活地运用公式、定理。对于长非号的表达式,可用摩根定律去掉长非号,再逐步化简。

解: $AB + \overline{A}C = \overline{\overline{A}B + A\overline{C}}$

变换左边 $= (\overline{\overline{A}B}) \cdot (\overline{A\overline{C}})$——利用摩根定律 $\overline{A+B} = \overline{A} \cdot \overline{B}$ 进行多次变换

$\qquad = (A+\overline{B})(\overline{A}+B)$——利用摩根定律 $\overline{A \cdot B} = \overline{A}+\overline{B}$,并用多项式相乘展开

$\qquad = A\overline{B} + \overline{A}C + \overline{B}C$

$\qquad = A\overline{B} + \overline{A}C + (A+\overline{A})\overline{B}C$——配入 $A+\overline{A}=1$

$\qquad = A\overline{B} + AB\overline{C} + \overline{A}C + \overline{A}\overline{B}C$——提供公因子,并利用 $A+1=1$ 消去多余因子

$\qquad = A\overline{B} + \overline{A}C$

$\overline{A\overline{B} + \overline{A}B} = AB + \overline{A}\overline{B}$

变换左边 $= \overline{A\overline{B}} \cdot \overline{\overline{A}B}$——利用摩根定律 $\overline{A+B} = \overline{A} \cdot \overline{B}$ 进行多次变换

$\qquad = (\overline{A}+B)(A+\overline{B})$——利用摩根定律 $\overline{A \cdot B} = \overline{A}+\overline{B}$,并用多项式相乘展开

$\qquad = AB + \overline{A}\overline{B}$

注:经证明异或的非是同或,同或的非是异或。

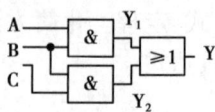

图 8-1

例 8-5 将图 8-1 所示逻辑电路的输出 Y 与输入 A、B 写成逻辑函数表达式。

【分析】 本题主要考查逻辑电路转换成逻辑函数表达式的方法。

$$解：Y_1 = AB；Y_2 = BC；Y_3 = Y_1 + Y_2$$

将 Y_1 与 Y_2 代入 Y 有：$Y = AB + BC$

例 8-6 将函数表达式 $Y = A(B+C)$ 转换成逻辑电路图。

【分析】 本题主要考查逻辑函数表达式转换成逻辑电路的方法。

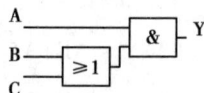

图 8-2

解： 分析表达式 $Y = A(B+C)$ 可知，是先进行 B+C 逻辑或运算，再将其结果与 A 进行逻辑与运算，画出逻辑电路图 8-2 所示。

例 8-7 写出函数表达式 $Y = A(B+C)$ 的真值表。

【分析】 本题主要考查根据逻辑函数表达式列真值表的方法。如果函数表达式不是最简表达式，应进行化简，再列真值表。

解： 表达式 $Y = A(B+C)$ 已经是最简表达式，可以直接列出真值表，见表 8-6。

表 8-6　真值表

A	B	C	Y
0	0	0	0
0	0	1	0
0	1	0	0
0	1	1	0
1	0	0	0
1	0	1	1
1	1	0	1
1	1	1	1

例 8-8 根据真值表 8-6 写出逻辑表达式。

【分析】 本题主要考查根据真值表列出逻辑函数表达式的方法。

解： 先写 Y 为 1 的项的表达式，有：$Y_1 = AB\overline{C}$，$Y_2 = A\overline{B}C$，$Y_3 = ABC$

将 Y_1、Y_2、Y_3 相加，$Y = Y_1 + Y_2 + Y_3 = ABC + AB\overline{C} + A\overline{B}C$

化简表达式：$Y = AB(C + \overline{C}) + A\overline{B}C$

$$= AB + A\overline{B}C = A(B + \overline{B}C) = A(B + C)$$

课堂练习题

一、填空题

1.模拟信号是_____随时间变化而_____变化的信号。数字信号是_____、_____的信号。数字信号属于_____信号。数字信号一般有_____和_____两个数码。

2.在数字电路中,_____和_____的都是脉冲波形,而应用最多的是_____脉冲。

3.将模拟信号转换成数字信号的电路是_____,将数字信号转换成模拟信号的电路是_____。

4.脉冲频率与脉冲周期互为_____,即_____。

5.脉冲信号是指_____、_____的电压或电流信号。

6.脉冲上升时间 t_r 是指脉冲波形从_____到_____所需的时间,单位是_____。

7.脉冲宽度 t_w 是指脉冲上升沿_____到下降沿_____所需的时间。

8.脉冲有间隔性的特征,可以是_____,也可以是_____或单次的。

9.正弦波信号是_____信号,矩形波信号是_____信号。

10.用"0"表示_____,用"1"表示_____,这称为正逻辑。

11.生活中常用的十进制的进位规则是_____,数字电路的二进制进位规则是_____。

12.十进制数转换成二进制数的方法是_____,二进制数转换成十进制数的方法是_____。

13.十进制数 $(256)_D$ = (_____)$_B$。

14.用四位二进制数表示一位十进制数的方式称为_____码,"8""4""2""1"实际上就是这四位二进制数每一位的_____。

15.十进制数 125 的 BCD 编码是_____。

16.与逻辑关系可以表述为_____,与门逻辑电路的表达式为_____,逻辑符号是_____,逻辑功能是_____。

17.或逻辑关系可以表述为_____,或门逻辑电路的表达式为_____,逻辑符号是_____,逻辑功能是_____。

18.非逻辑关系可以表述为_____,非门逻辑电路的表达式为_____,逻辑符号是_____,逻辑功能是_____。

19.图 8-3(a)所示的逻辑表达式是_____,图 8-3(b)所示的逻辑表达式是_____,图 8-3(c)所示的逻辑表达式是_____,图 8-3(d)所示的逻辑表达式是_____。

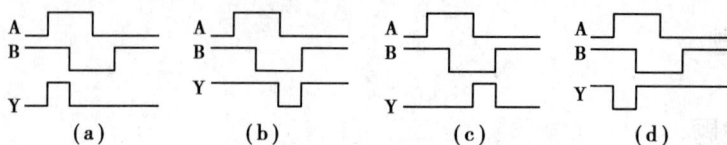

图 8-3

20.集成逻辑门 7400 的内部有 4 个_____门。74 系列 TTL 集成电路的电源电压是_____ V,输入端悬空时,被认为是输入_____。CD4011 的内部有 4 个_____门。CD40 系列 CMOS 集成电路的电源电压是_____ V,CMOS 集成电路的输入端_____。

21.逻辑函数的表示方式有_____、_____和_____。

22.$A + A =$ _____, $1 + A + B + C + D =$ _____, $A \cdot A =$ _____,

$A + ABC =$ _____, $A \cdot \overline{A} =$ _____, $A + \overline{A} =$ _____, $\overline{A + B} =$ _____,

$\overline{A} \cdot \overline{B} =$ _____。

23.判断逻辑表达式是否为最简式的条件是_____和_____。

24."有 0 出 1,全 1 出 0"是_____门电路的逻辑功能。

二、选择题

1.与关系逻辑的表达式是(　　　　)。

A.$Y = A + B$　　　　B.$Y = \overline{A \cdot B}$　　　　C.$Y = A \cdot B$　　　　D.$Y = \overline{A + B}$

2.下列信号不是脉冲信号的是(　　　　)。

A.三角波　　　　B.方波　　　　C.正弦波　　　　D.矩形波

3.频率为 1 kHz 的矩形波,其周期是(　　　　)。

A.1 ms　　　　B.0.1 ms　　　　C.10 ms　　　　D.0.01 ms

4.频率为 1 kHz 的方波,其脉冲宽度是(　　　　)。

A.0.5 ms　　　　B.0.05 ms　　　　C.5 ms　　　　D.0.005 ms

5.成语"万事俱备,只欠东风"说的逻辑关系是(　　　　)。

A.或关系　　　　B.与关系　　　　C.与非关系　　　　D.或非关系

6."这件事情你去可以完成,他去也可以完成"说的逻辑关系是(　　　　)。

A.或关系　　　　B.与关系　　　　C.与非关系　　　　D.或非关系

7.要使"与非"运算的结果是逻辑 0 ,则其输入必须(　　　　)。

A.全部输入 0　　　　B.任一输入 0　　　　C.仅一输入 0　　　　D.全部输入 1

8.十进制数 91 的 BCD 码是(　　　　)。

A.101 1011　　　　B.1001 0001　　　　C.133　　　　D.5B

9.将十进制数 36 转换为 8421BCD 码是(　　　　)。

A.0000 0110　　　　B.0011 0110　　　　C.0110 0100　　　　D.0110 0110

10.8321BCD 码 0011 0001 转换为十进制数是(　　　　)。

A.13　　　　　　　　B.31　　　　　　　　C.35　　　　　　　　D.49

11.某班级有 15 名学生,现采用二进制编码器对每名学生进行编码,则编码器输出二进制代码的位数至少是(　　)。

A.1 位　　　　　　　B.2 位　　　　　　　C.3 位　　　　　　　D.4 位

12.二进制数$(1100110)_2$转换成十进制数是(　　)。

A.$(66)_H$　　　　　B.$(66)_D$　　　　　C.$(102)_H$　　　　　D.$(102)_D$

13.二进制数$(110111101)_2$转换成十六进制数是(　　)。(选做题)

A.$(BD)_H$　　　　　B.$(1BD)_H$　　　　C.$(1BD)_D$　　　　D.$(1BD)_B$

14.十进制数 91 转换成二进制数是(　　)。

A.$(10010001)_B$　　B.$(1011011)_B$　　C.$(1011011)_D$　　D.$(10010001)_D$

15.如图 8-4 所示电路的逻辑表达式是(　　)。

A.$Y = A + B$　　　　　　　　　　　　B.$Y = \overline{A \cdot B}$

C.$Y = A \cdot B$　　　　　　　　　　　D.$Y = \overline{A + B}$

16.如图 8-5 所示波形图的表达式是(　　)。

A.$Y = A + B$　　　　　　　　　　　　B.$Y = A \cdot B$

C.$Y = A\overline{B} + \overline{A}B$　　　　　　　　　　D.$Y = AB + \overline{A}\,\overline{B}$

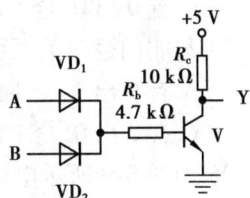

图 8-4

17.如图 8-6 所示波形图的表达式是(　　)。

A.$Y = A + B$　　B.$Y = A \cdot B$　　C.$Y = A\overline{B} + \overline{A}B$　　D.$Y = AB + \overline{A}\,\overline{B}$

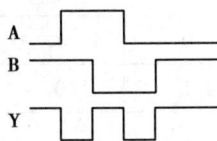

图 8-5

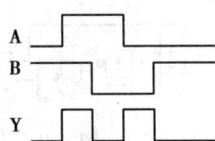

图 8-6

18.如图 8-7 所示为二极管构成的或门电路,欲使输出 Y 为低电平,则两输入信号 A、B 为(　　)。

A.0、0　　　　　　　B.0、1　　　　　　　C.1、0　　　　　　　D.1、1

19.如图 8-8 所示为两开关 A、B 控制灯 Y 的电路,则灯亮与开关集合的逻辑关系为(　　)。

A.$Y = AB$　　　　　B.$Y = A + B$　　　　C.$Y = \overline{AB}$　　　　D.$Y = \overline{A} + \overline{B}$

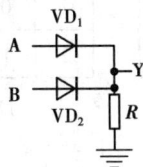

图 8-7

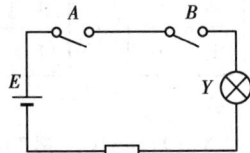

图 8-8

20.逻辑函数表达式 $Y = \overline{A \cdot B}$ 可变换为(　　)。

　　A.$Y = A + \overline{B}$　　　　　B.$Y = A + B$　　　　　C.$Y = \overline{A} + B$　　　　　D.$Y = \overline{A} + \overline{B}$

21.或非门电路的逻辑表达式为(　　)。

　　A.$Y = AB$　　　　　B.$Y = A + B$　　　　　C.$Y = \overline{AB}$　　　　　D.$Y = \overline{A + B}$

22.与门逻辑关系可表述为(　　)。

　　A.有 0 出 1,全 1 出 0　　　　　　　　　B.有 1 出 1,全 0 出 1

　　C.有 0 出 0,全 1 出 1　　　　　　　　　D.有 1 出 0,全 0 出 1

23.或非门逻辑关系可表述为(　　)。

　　A.有 0 出 1,全 1 出 0　　　　　　　　　B.有 1 出 1,全 0 出 1

　　C.有 0 出 0,全 1 出 1　　　　　　　　　D.有 1 出 0,全 0 出 1

24.与非门逻辑关系可表述为(　　)。

　　A.有 0 出 1,全 1 出 0　　　　　　　　　B.有 1 出 1,全 0 出 1

　　C.有 0 出 0,全 1 出 1　　　　　　　　　D.有 1 出 0,全 0 出 1

25.如图 8-9 所示电路的表达式是(　　)。

　　A.$Y = A + \overline{B}$　　　　　B.$Y = A + AB$　　　　　C.$Y = A + \overline{A}B$　　　　　D.$Y = \overline{A + AB}$

表 8-7　真值表

A	B	Y
0	0	1
0	1	0
1	0	1
1	1	0

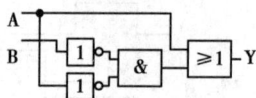

图 8-9

26.真值表 8-7 转换为表达式是(　　)。

　　A.$Y = \overline{A}B + AB$　　　　　B.$Y = \overline{A}\overline{B}$　　　　　C.$Y = A\overline{B}$　　　　　D.$Y = \overline{A}\overline{B} + A\overline{B}$

27.$Y = A + B$ 的真值表是(　　)。

A	B	Y
0	0	0
0	1	1
1	0	1
1	1	0

A.

A	B	Y
0	0	0
0	1	1
1	0	0
1	1	1

B.

A	B	Y
0	0	1
0	1	0
1	0	0
1	1	1

C.

A	B	Y
0	0	0
0	1	1
1	0	1
1	1	1

D.

28.表达式 $Y = AC + AB$ 的最简与非式是(　　)。

　　A.$Y = \overline{\overline{AC + AB}}$　　　　　B.$Y = \overline{\overline{AB} \cdot \overline{AC}}$　　　　　C.$Y = \overline{\overline{AB} \cdot \overline{AC}}$　　　　　D.$Y = \overline{\overline{AB} \cdot \overline{AC}}$

29.与门电路的逻辑功能是(　　)。

　　A.全高为高,有低为低　　　　　　B.全低为低,有高为高

　　C.全低为高,有高为高　　　　　　D.有低为高,全高为高

30.下列逻辑运算正确的是(　　)。

　　A.$A+A=2A$　　　B.$1+A=1$　　　C.$A \cdot A=A^2$　　　D.$1 \cdot A=1$

三、判断题

1.由于数字的保密性强,抗干扰能力强,所以处理数字信号的电路很简单。　　(　　)

2.数字信号的幅度随时间的变化而连续变化。　　(　　)

3.通常情况下,用"0"表示高电平,用"1"表示低电平。　　(　　)

4.十进制数转换二进制数的方法是"除二取余倒记"法。　　(　　)

5.数字集成电路有 TTL 和 CMOS 两大类。　　(　　)

6.TTL 集成电路的功耗比 CMOS 集成电路的功耗更低。　　(　　)

7.TTL 集成电路与 CMOS 集成电路的多余输入端均可悬空。　　(　　)

8.在逻辑运算中有:$1+0=1,0+1=1,1+1=2$。　　(　　)

9.将十六进制数转换为二进制数时,1 位十六进制数可表示 4 位二进制数。　　(　　)

10.$(112)_D=(1110000)_B$。　　(　　)

11.$(1111111)_B=(127)_D$。　　(　　)

12.与非门的逻辑功能是:有 0 出 0,全 1 出 1。　　(　　)

13.逻辑函数的公式有:$A+\bar{A}=1,A \cdot A=A,A+A+A=3A$。　　(　　)

14.逻辑电路图转化为逻辑表达式的方法是:从电路图的输入端开始,逐级写出各门电路的逻辑表达式,一直到输出端。　　(　　)

15.基本的逻辑关系有与、或、非 3 种。　　(　　)

16.真值表可以用来检验逻辑函数式是否相等。　　(　　)

17.$ABC+\bar{B}=AC+\bar{B}$。　　(　　)

四、问答题

1.简述数字信号的优点。

2.简述 3 种基本逻辑门电路的功能,并画出逻辑符号。

3.简述十进制数转换为二进制数的方法。

4.什么是数制？举例说明生活中常用的数制。

5.逻辑函数化简有哪些优点？

6.简述真值表转换为逻辑表达式的方法。

五、分析作图题

1.请分别作出如图 8-10 所示逻辑电路的输出波形。

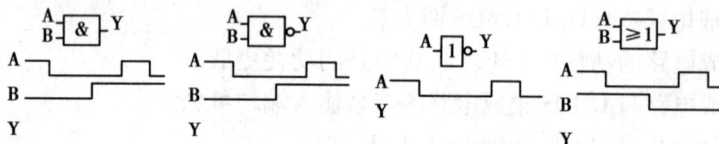

图 8-10

2.准备做基本门电路实验,但手中只有一块 CD4011,你能用这一块 CD4011 分别实现与门、或门、非门 3 种电路吗？ 如果能,请画出逻辑电路图。

3.作出如图 8-11 所示逻辑电路的输出波形。

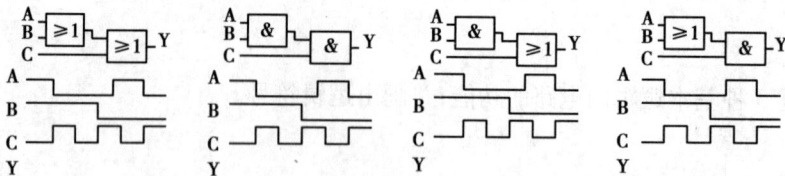

图 8-11

六、综合题

1.将下列十进制数转换为二进制数和十六进制数。

$(25)_D$ $(52)_D$ $(35)_D$ $(45)_D$ $(58)_D$ $(64)_D$ $(32)_D$

2.将下列二进制数转换为十进制数。

$(110110)_B$ $(111110)_B$ $(10101010)_B$ $(110011)_B$ $(101111)_B$ $(1101101)_B$

3.化简下列表达式。

① $Y = AB(\overline{C}+A)$

② $Y = (\overline{A}+\overline{B})A\overline{B}$

③ $Y = \overline{ABC}+AB+BC$

④ $Y = A+\overline{B}+\overline{CD}+\overline{AD}+\overline{B}$

⑤ $Y = \overline{A}\,\overline{B}\,\overline{C}+A\,\overline{B}\,\overline{C}$

⑥ $Y = A\overline{B}+BD+CDE+\overline{A}D$

⑦ $Y = A\overline{B}+B+B\,\overline{CD}$

⑧ $Y = \overline{AB}+A+\overline{BC}$

⑨ $Y = \overline{A}\,\overline{B}\,\overline{C}\overline{D}+\overline{A}E+BE+\overline{C}E+DE$

⑩ $Y = A\overline{B}+ACD+\overline{A}\,\overline{B}+\overline{A}CD$

4.用公式法证明下列等式。

① $AB+A\overline{B}+\overline{A}B+\overline{A}\,\overline{B} = 1$

② $AB+\overline{A}C+BCD+A = A+C$

③ $(A+B)(\overline{A}+B) = B$

④ $A\oplus B = (A+B)\overline{AB}$

⑤$A(\overline{A}+B)+B(B+C)+B=B$　　　　　　⑥$\overline{AB+\overline{A}C}=\overline{A}\overline{B}+A\overline{C}$

5.根据表 8-8—表 8-11 的真值表写出逻辑表达式,对于能化简的表达式要求化简。

表 8-8　真值表

A	B	C	Y
0	0	0	1
0	0	1	0
0	1	0	0
0	1	1	1
1	0	0	0
1	0	1	0
1	1	0	1
1	1	1	0

表 8-9　真值表

A	B	C	Y
0	0	0	0
0	0	1	1
0	1	0	1
0	1	1	0
1	0	0	1
1	0	1	0
1	1	0	0
1	1	1	1

表 8-10　真值表

A	B	C	Y
0	0	0	0
0	0	1	0
0	1	0	0
0	1	1	1
1	0	0	0
1	0	1	1
1	1	0	1
1	1	1	0

表 8-11　真值表

A	B	C	Y
0	0	0	1
0	0	1	0
0	1	0	0
0	1	1	1
1	0	0	0
1	0	1	1
1	1	0	1
1	1	1	0

6.将题 5 中化简后的表达式画成逻辑电路图。

7.列出图 8-12、图 8-13 的逻辑表达式,能化简的要求化简,并列出化简后的真值表。

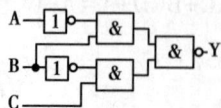

图 8-12

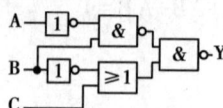

图 8-13

自我检测题

一、填空题

1.＿＿＿＿＿＿波是数字电路中应用最多的脉冲信号。

2.十进制数有 0~9 十个数码,要使电路严格地区别这 10 种状态,在技术上是很困难的,电路最容易实现的是"通"与"断"两种状态,所以数字电路中只能使用＿＿＿＿＿＿。

3.二进制数有两个基本数码是 ＿＿＿＿＿ 和 ＿＿＿＿＿,采用的计数原则是＿＿＿＿＿。

4. $(110111)_B =($ ＿＿＿＿ $)_D$,$(16)_D =($ ＿＿＿＿ $)_B$,$(16)_H =($ ＿＿＿＿ $)_B$。

5.将十进制数 78 转换为 8421BCD 码是＿＿＿＿＿。

6."当决定事件发生的所有条件全部满足时,结果才会发生",这是 ＿＿＿＿＿＿逻辑。

7.或非门的逻辑功能是＿＿＿＿＿＿。

8.TTL 集成门电路的输入端悬空时,被认为是＿＿＿＿＿＿电平,CMOS 集成门电路的输入端＿＿＿＿＿悬空。

9.$\overline{A \cdot B \cdot C} =$ ＿＿＿＿＿,$\overline{A+B+C} =$ ＿＿＿＿＿。

10.$A+B+C+DEF+1 =$ ＿＿＿＿＿,$A \cdot \overline{A} =$ ＿＿＿＿＿。

11.$Y = AB$ 的最简与非表达式是 ＿＿＿＿＿,$Y = A+B$ 的最简与非表达式是 ＿＿＿＿＿。

12.在数字电路中,二进制数转换成十进制数的方法是＿＿＿＿＿。

二、选择题

1.如图 8-14 中,不属于脉冲信号的是( )。

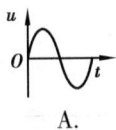

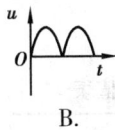

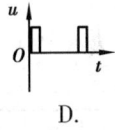

图 8-14

2.下列各式,完全正确的是( )。

A.$A+A=A$,$A \cdot A=A$,$A \cdot 1=1$

B.$\overline{A}+1=0$,$\overline{A} \cdot A=A$,$A\overline{A}=A$

C.$A+\overline{A}=1$,$A \cdot \overline{A}=A$,$A+1=0$

D.$1+B=A+\overline{A}$,$A \cdot 0=A \cdot \overline{A}$

3.下列式子中,正确的是( )。

A.$(11)_B =(11)_D$

B.$10101 = 1×2^4+1×2^2+1×2^0$

C.$(8)_D =(1000)_B$

D.$8 =(1000)_D$

4.如图 8-15 所示电路的表达式是( )。

A.$Y = A \cdot B + \overline{C}$ B.$Y = \overline{A \cdot B \cdot C}$ C.$Y = \overline{A \cdot B} + C$ D.$Y = \overline{A + B + C}$

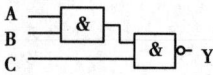 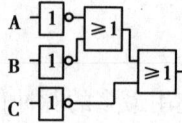 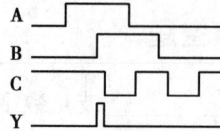

图 8-15   图 8-16   图 8-17

5.图 8-16 所示电路的表达式是( )。

A.$Y = \overline{A + B + \overline{C}}$ B.$Y = \overline{\overline{A} + \overline{B} + \overline{C}}$ C.$Y = \overline{\overline{A} + \overline{B} + C}$ D.$Y = A + B + C$

6.下列等式中错误的是( )

A.$A(A + B + C) = A$ B.$\overline{A}\,\overline{B} + \overline{A}CD\,\overline{B} = \overline{A}\,\overline{B}$

C.$\overline{A} + \overline{B} + AB = 1$ D.$(A + B)(A + \overline{B}) = AB$

7.如图 8-17 所示波形图的表达式是( )。

A.$Y = A + B + C$ B.$Y = A \cdot B \cdot C$ C.$Y = \overline{A \cdot B \cdot C}$ D.$Y = \overline{A + B + C}$

8.下面能实现或非门功能的电路是( )。

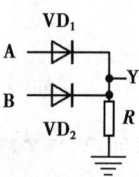 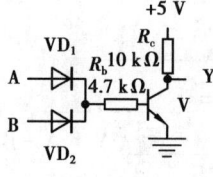 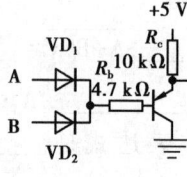 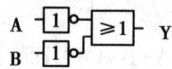

A.   B.   C.   D.

图 8-18

9.或非门的逻辑功能是( )。

A.有 0 出 0,全 1 出 1 B.有 1 出 1,全 1 出 0

C.有 0 出 1,全 1 出 0 D.有 1 出 0,全 0 出 1

10.在表 8-12 中,表达式 $Y = \overline{\overline{A} + \overline{B}}$ 的真值表是( )。

表 8-12 真值表

A	B	Y
0	0	0
0	1	1
1	0	1
1	1	1

A.

A	B	Y
0	0	1
0	1	0
1	0	0
1	1	0

B.

A	B	Y
0	0	0
0	1	0
1	0	0
1	1	1

C.

A	B	Y
0	0	1
0	1	1
1	0	1
1	1	0

D.

三、判断题

1.在逻辑运算中:$1+A=A$,$1+0=1$,$1+A+B+C=1$,$1+1=2$。　　　　　（　　）

2.由于 TTL 集成门电路的输入端悬空是输入高电平,所以 TTL 门电路的抗干扰能力强。

　　　　　　　　　　　　　　　　　　　　　　　　　　　　　　（　　）

3.由于场效应管的输入阻抗极高,所以 COMS 门的输入端不能悬空,一旦悬空,任何一点感应电压都会让 COMS 门输入端的状态无法确定,从而导致逻辑混乱。　　（　　）

4.$111=7$。　　　　　　　　　　　　　　　　　　　　　　　　　（　　）

5.数字信号比模拟信号抗干扰能力强。　　　　　　　　　　　　　　（　　）

6.$\overline{A}+\overline{B}+\overline{C}$ 的与非式是 $\overline{A}\cdot\overline{B}\cdot\overline{C}$。　　　　　　　　　　　　　（　　）

7.实现同一逻辑功能的逻辑电路不是唯一的。　　　　　　　　　　　（　　）

8.逻辑电路图、真值表、逻辑函数表达式之间都可相互转换。　　　　（　　）

9.逻辑运算中,"1"的值大于"0"。　　　　　　　　　　　　　　　（　　）

10.(2020 年高考真题)逻辑函数式 $Y=AAA$,化简后为 $Y=A$。　　　（　　）

四、问答题

1.分别列出与非门、或非门的逻辑符号、逻辑表达式、逻辑功能。

2.简述使用 COMS 门和 TTL 门的注意事项。

五、综合题

1.化简或证明。

①化简:$Y=ABC+\overline{AB}\cdot C+\overline{AB}C$　　　　②化简:$Y=ABC+\overline{A}+B+C+AB\overline{C}$

③证明:$\overline{ABC}+AB+AC+BC=1$

2.试作出图 8-19、图 8-20 所示电路的输出波形。

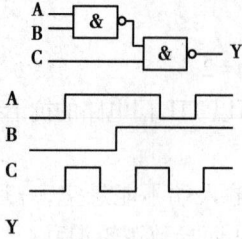

图 8-19

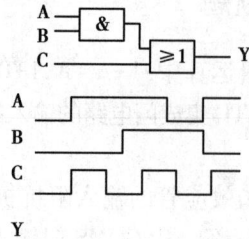

图 8-20

3.逻辑电路如图 8-21 所示,试写出电路的逻辑表达式并化简,列出真值表。

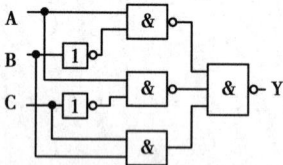

图 8-21

4.请依据真值表 8-13 写出逻辑表达式,能化简的要求化简,并画出逻辑电路图。

表 8-13　真值表

A	B	C	Y
0	0	0	0
0	0	1	0
0	1	0	0
0	1	1	1
1	0	0	0
1	0	1	1
1	1	1	0

第九章　组合逻辑电路

学习目标

(1)会分析和设计简单的组合逻辑电路;

(2)掌握编码器的概念,理解编码器的工作原理;

(3)会连接编码器电路,能区别普通编码器和优先编码器;

(4)掌握译码器的概念,了解译码器的工作原理;

(5)理解显示译码器的工作原理;

(6)能连接译码器电路,会测试电路的逻辑功能。

知识要点

一、组合逻辑电路的基本知识

1.组合逻辑电路的特点

组合逻辑电路是由门电路组合在一起且能完成一定逻辑功能的电路,具有以下特点:

①从电路结构看,组合逻辑电路可以有多个输入端和多个输出端。信号仅从输入端传到输出端,没有反馈回路。

②从电路功能看,组合逻辑电路任意时刻的输出状态均由当时的输入状态决定,与电路的历史状态无关,即电路没有记忆功能。

2.组合逻辑电路的分析方法

①根据已知逻辑电路图写出表达式。

②化简。

③列真值表。

④分析真值表,得出逻辑功能。

3.组合逻辑电路的设计方法

组合逻辑电路的设计通常以电路简单,所用器件最少为目标,以便能用最少的门电路来组成逻辑电路,达到工作可靠且节约成本的目的。

①根据实际问题确定逻辑功能,并列出真值表。

②根据真值表写出逻辑表达式。

③化简。

④根据化简后的逻辑表达式画出电路图。

4.常用组合逻辑电路

常用组合逻辑电路有加法器、编码器、译码器、多逻辑路选择器、数值比较器等。

二、编码器

1.编码和编码器

编码是用一串按规律排列的数码来代表特定的含义。完成编码工作的电路称为编码器。

2.编码器的分类

按照代码制式的不同,编码器可分为二进制编码器、二—十进制编码器和优先编码器等。

①用 4 位二进制数码来对十进制数进行编码称为二—十进制编码器,也称为8421BCD 编码器。电路有 10 个输入端,4 个输出端。一个实用的编码器还要加入一些控制引脚。

②普通编码器每个时刻只能对一个对象进行编码,若同时输入多个对象,则会出现逻辑错误。

③优先编码器若同时输入多个对象,电路仅对优先级高的对象进行编码。

3.编码器的特点

①编码器在任何时刻,只能对一个输入信号进行编码,即一个输入信号为 1 时,其他输入信号均为 0。编码器的编码对象的对应关系是唯一的,不能两个信息共用一个码。

②无论何种编码器,一般都具有 M 个输入端,N 个输出端,其关系应满足:$2^N \geq M$。

三、译码器

1.概念

译码是编码的逆过程,是把编码信号翻译为原来的编码对象。完成译码功能的电路称为译码器。

如二—十进制译码器就是将编码器输出的二进制代码翻译为十进制数。电路有 4 个输入端,10 个输出端。一个实用的译码器还要加入一些控制引脚。

2.译码器的特点

译码器有多个输入端和多个输出端,而对应输入信号的任一状态,一般仅有一个输出状态有效,而其他输出状态均无效。

输入有 n 个,且 n 个信号共同表示输入某一种编码;输出有 m 个。当输入出现某种编码时,译码后相应的一个输出端出现高电平,而其他均为低电平,或者相反。

3.常用译码器

（1）3-8 线译码器

3-8 线译码器有 3 个输入端,可构成 8 组状态。其特点是出现某一组状态（如 001）时,相应的一个输出端出现低电平,其他均为高电平。

（2）8421BCD 译码器

8421BCD 译码器是一种 4 线输入、10 线输出的译码器。输入的是 4 位二进制代码,它表示一个十进制数,输出的 10 条线分别代表 0~9 十个数字。

（3）显示译码器

显示译码器与 LED 七段数码管相配合,能直接将 8421BCD 代码翻译为十进制数并直接显示出来。常见的 LED 七段数码管有共阴型和共阳型。LED 七段数码管的内部结构如图 9-1 所示。常见的七段数码管有 8 只 LED,h 为小数点。图 9-1（a）为七段数码管示意图,（b）为共阳极型 LED 七段数码管,（c）为共阴极型 LED 七段数码管。

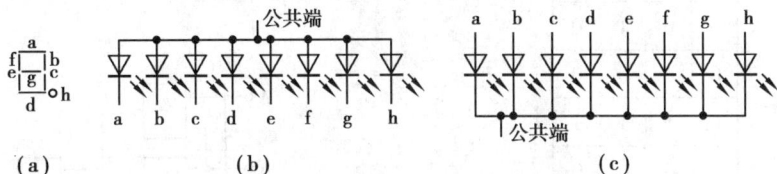

图 9-1

分段显示译码电路常采用集成电路,常见型号七段的有 T337 型、T338 型等;八段的有 5G63、C320 等。

解题示例

例 9-1　分析如图 9-2 所示电路的逻辑功能。

【分析】　本题考查的知识点是逻辑电路分析方法。解题时应按照组合逻辑电路的分析方法和步骤进行,即:根据电路图写表达式→化简表达式→真值表→逻辑功能。

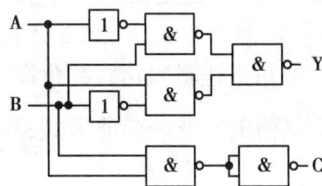

图 9-2

解:①如图所示,该电路有两个输出端,电路的表达式有:

$$Y = \overline{\overline{\overline{AB} \cdot \overline{AB}}} \qquad C = \overline{\overline{AB}}$$

②化简 $Y = \overline{\overline{\overline{AB} \cdot \overline{AB}}} = \overline{\overline{AB}} + \overline{\overline{AB}} = \overline{AB} + \overline{AB} = \overline{AB} = AB$。

③列出真值表,如表 9-1 所示。

④分析逻辑功能,找出输出为 1 的各行,对比输入端的情况,得出逻辑。从输出 Y 看,当 A 与 B 相异时,输出为 1,当 A 与 B 相同时,输出为 0。从输出 C 看,只有 A 与 B 均为 1 时,输出才为 1。综合起

表 9-1　真值表

A	B	Y	C
0	0	0	0
0	1	1	0
1	0	1	0
1	1	0	1

来看,可以把 A 看成加数,把 B 看成被加数,把 Y 看成和,把 C 看成进位,则本电路实现的功能是 A 与 B 的加法运算。但由于本电路没有考虑低位的进位,所以本电路是一个半加器。

例 9-2 某中等职业学校规定机电专业的学生至少取得钳工(A)、车工(B)、电工(C)中级技能证书的任意两种,才允许毕业(Y)。试根据上述要求:①列出真值表;②写出逻辑表达式,并化成最简的与非—与非形式;③用与非门画出完成上述功能的逻辑电路。

【分析】 本题考查的知识点是组合逻辑电路的设计。解答时要认真审题,按照组合逻辑电路的设计步骤及方法来进行。

解:①根据题意列真值表见表 9-2。

表 9-2 真值表

A	B	C	Y
0	0	0	0
0	0	1	0
0	1	0	0
0	1	1	1
1	0	0	0
1	0	1	1
1	1	0	1
1	1	1	1

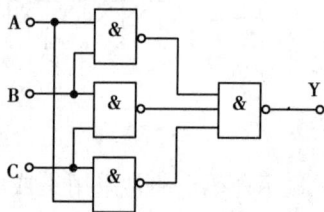

图 9-3

②写出逻辑表达式并化简。

最简的与非—与非形式:

$$Y = \overline{A}BC + A\overline{B}C + AB\overline{C} + ABC$$

$$= \overline{A}BC + A\overline{B}C + AB\overline{C} + ABC + ABC + ABC$$

$$= AB + AC + BC$$

$$= \overline{\overline{AB + AC + BC}}$$

$$= \overline{\overline{AB} \cdot \overline{AC} \cdot \overline{BC}}$$

③画出逻辑电路如图 9-3 所示。

例 9-3 试设计一个对 I_1,I_2,I_3 进行编码的电路,要求对 I_3 进行编码时,电路禁止对 I_2 和 I_1 编码,即 I_3 优先级最高,I_1 优先级最低。

【分析】 优先编码器可以允许有多个信号同时输入,但只对优先级最高的进行编码,而普通编码器只能一次输入一个信号,这是二者的一个重要差别。

表 9-3 真值表

I_3	I_2	I_1	Y_1	Y_0
1	×	×	1	1
0	1	×	1	0
0	0	1	0	1

解：①分析题意知,这是一个优先编码器,I_3、I_2、I_1 为输入端,Y_1、Y_0 为输出端。

②由于 I_3 的优先级最高,也就是说,当 I_3 为 1 时,I_2、I_1 为 1 或为 0 均不影响结果。列出真值表见表 9-3。

注：“×”表示取值为 1 为 0 均可。

③写出表达式。

$$Y_1 = I_3 + \bar{I_3} I_2 \qquad\qquad Y_0 = I_3 + \bar{I_3}\bar{I_2} I_1$$

④化简。

$$Y_1 = I_3 + \bar{I_3} I_2 = I_3 + I_2 \qquad Y_0 = I_3 + \bar{I_3}\bar{I_2} I_1 = I_3 + \bar{I_2} I_1$$

⑤画出逻辑电路如图 9-4 所示。

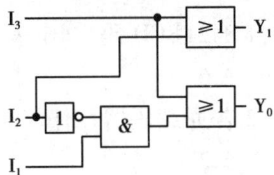

图 9-4

课堂练习题

一、填空题

1.组合逻辑电路中没有_____回路,任意时刻的输出状态仅取决于当时的_____,电路没有_____功能。

2.十进制数 7 的 BCD 编码是_____。

3.编码是用若干位_____数码,按一定规律排列组合构成的代码,并赋予代码特定的意义。若要对 M 个输入对象进行编码,则编码电路的输出端应用 N 个,其关系应满足_____,即码与编码对象的对应关系是_____的,不能两个对象共用一个码。

4.编码器有_____编码器和_____编码器两大类。_____编码器每一时刻只能对一个对象进行编码。_____编码器能同时输入多个对象,但只对_____最高的对象编码。

5.集成电路 74LS148 的功能是_____,它可以对_____ 8 个数码进行编码,输入_____电平有效。7 的优先级最_____,0 的优先级最低。当使能端 EI 为_____时,不允许对输入信号编码。CS 和 EO 端的主要功能是用于_____。

6.译码是_____的逆过程,将输入的每个二进制代码赋予的含义“翻译”过来,并给出相应的输出信号以表示其原意。

7.集成电路 74LS138 的功能是_____,它有 3 个代码输入端,有_____个输出端,代码输入端是_____电平有效,输出端是_____电平有效。ST_A,$\overline{ST_B}$,$\overline{ST_C}$ 3 个端为输入使能端,只有当 $ST_A =$ _____,$\overline{ST_B} = \overline{ST_C} =$ _____时,译码器才能正常译码。

8.数码显示器的作用是将数字系统的结果用_____数码直观地显示出来。常见的数码显示器有_____数码管、_____数码管和_____显示器。

9.LED 七段数码管是将 7 个条形发光二极管排列成_____字形封装构成的,按内部连接形式的不同可分为_____型和_____型两种。

10.集成电路74LS48是常用显示译码器,能直接与_____型 LED 七段数码管相接。

二、选择题

1.8421BCD 码 1001 表示的十进制数为(   )。

　　A.6　　　　　　　B.7　　　　　　　C.8　　　　　　　D.9

2.普通编码器在任何时刻只能对(   )个输入信号进行编码。

　　A.2　　　　　　　B.3　　　　　　　C.1　　　　　　　D.4

3.集成电路 74LS148 的信号输入端同时输入 4、6、5、7 时,输出端的 BCD 码应该是(   )。

　　A.100　　　　　　B.110　　　　　　C.101　　　　　　D.111

4.集成电路 74LS148 中,EI=1 且信号输入为 7 时,输出端的状态应该是(   )。

　　A.101　　　　　　B.111　　　　　　C.000　　　　　　D.110

5.要对 10 个数码进行编码,编码器应有(   )个输出端。

　　A.2　　　　　　　B.3　　　　　　　C.4　　　　　　　D.5

6.可用(   )块 74LS148 来完成十进制数 0~9 这 10 个数码的编码。

　　A.2　　　　　　　B.3　　　　　　　C.4　　　　　　　D.1

7.集成电路 74LS138 的功能是(   )。

　　A.普通编码器　　B.优先编码器　　C.普通译码器　　D.显示译码器

8.能直接实现译码并驱动共阴型 LED 七段数码管的集成电路是(   )。

　　A.74LS138　　　　B.74LS139　　　　C.74LS48　　　　D.74LS47

9.编码器电路如图 9-5(a)所示,当输入 $I_3=1$ 时,输出编码 Y_1、Y_0 是(   )。

　　A.00　　　　　　　B.01　　　　　　　C.10　　　　　　　D.11

10.译码器电路如图 9-5(b)所示,当 $A=0$,$B=1$ 时,输出端 Y_3、Y_2、Y_1、Y_0 的状态是(   )。

　　A.0111　　　　　　B.1011　　　　　　C.1101　　　　　　D.1110

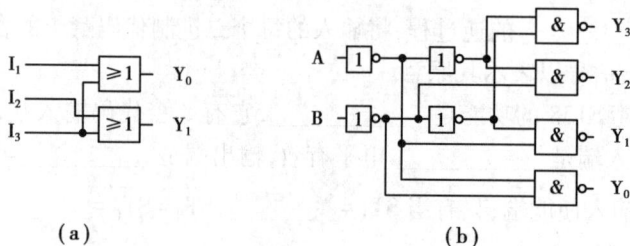

(a)　　　　　　　　　　　　　　　　(b)

图 9-5

11.(2019 年高考真题)下列属于组合逻辑电路的器件是(   )。

　　A.计数器　　　　　B.寄存器　　　　　C.触发器　　　　　D.编码器

三、判断题

1.组合逻辑电路具备记忆功能。 （　　）

2.普通编码器一般不允许同时输入两个信号,但紧急时可同时输入两个信号。

（　　）

3.二进制编码器有 3 个输出端,可以对 9 个对象进行编码。 （　　）

4.在优先编码器同时输入 5、6,则输出的 BCD 码是 0101。 （　　）

5.在优先编码器,如果同时输入多个信号,编码器仅响应优先级最高的一个输入。

（　　）

6.在图 9-4 中,若 I_1、I_2 同时为 1,则输出编码是 I_2 的编码。 （　　）

7.译码器是一种有多输入端和一个输出端的逻辑电路。 （　　）

8.74LS139 可以直接驱动七段 LED 数码管。 （　　）

9.在图 9-5 中,若 A = B = 1 时,输出端 Y_3、Y_2、Y_1、Y_0 的状态是 0111。 （　　）

10.LED 共阴型数码管是指内部的所有 LED 的负极接在一起,成为公共端。 （　　）

11.共阴接法 LED 数码管需选用有效输出为低电平的显示译码器来驱动。 （　　）

12.如图 9-6 所示为 LED 共阴数码管,若要显示"7",数码管 a、b、c 端应分别输入高电平,其余端均为低电平。 （　　）

13.半导体数码管共阳极型,当在 a～g 端加上_____电平时,对应二极管发光并显示相应数码。 （　　）

14.如图 9-6 所示的共阳接法的数码管,若仅 a、b、d、e、g 端输入低电平,则数码管显示数字为_____。 （　　）

15.如图 9-6 所示为 LED 共阴数码管,若数码管 b、c 端输入高电平,其余端输入低电平,则数码管显示数字为 1。 （　　）

16.译码器和寄存器均属于组合逻辑电路。 （　　）

17.优先编码器不允许多个输入信号同时有效。 （　　）

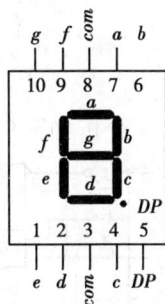

图 9-6

四、作图题

1.画出七段 LED 数码管的示意图和共阴极数码管的内部电路图。

2.查阅资料,在如图 9-7 中标出 74LS148 的引脚名称,并说明引脚的功能。

图 9-7

五、综合题

1.分析如图 9-8 所示电路的逻辑功能。

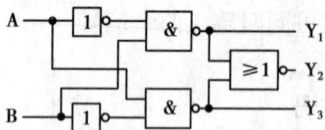

图 9-8

2.分析如图 9-9 所示电路的逻辑功能。

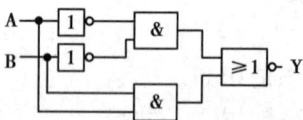

图 9-9

3.分析如图 9-10 所示电路的逻辑功能。

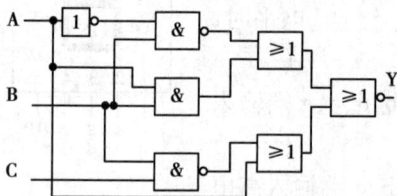

图 9-10

4.试分析如图 9-11 所示的编码器是不是优先编码器,并列出真值表。

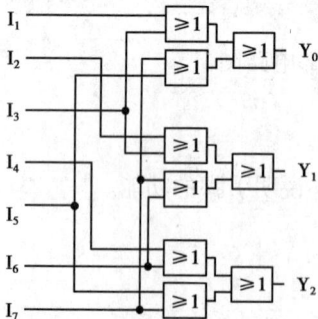

图 9-11

5.分析如图 9-12 所示电路的逻辑功能。

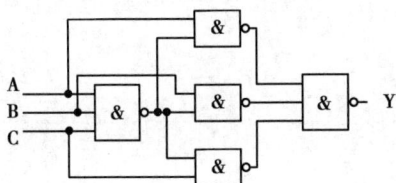

图 9-12

6.设计一个"逻辑不一致"判断电路,要求当 3 个输入逻辑变量不同时输出为 1,输入变量相同时输出为 0。

7.试设计一个监测信号灯工作状态的逻辑电路,被监测电路中有红、绿、黄 3 个信号指示灯,正常的状态是 3 个灯单独点亮,或绿、黄同时点亮。若出现其他的状态,则逻辑电路的故障指示灯亮,提示工作人员去维修。

8.由于 8421BCD 码是用 4 位二进制数来表示 1 位十进制数,但 4 位二进制数有 16 种不同组合的编码,而十进制数只用了 10 个二进制代码。试设计一逻辑电路,当代码大于 9 后输出一个高电平信号以关闭数码管的显示。

9.某比赛设一名主裁判 A 和两名副裁判 B、C。只有当多数裁判同意,且其中必须有主裁判 A 同意时,表决才认可。试设计这个多数通过表决器的逻辑电路。

10.某中职学校的电子技能课程采用项目化考核,共有 3 个考核项目 A、B、C,课程考核结果用 Y 来表示。规定如下:3 个考核项目中有 2 个或者 2 个以上考核合格,认定该课程合格,否则该课程不合格。(设考核项目合格为 1,否则为 0;课程考核合格为 1,否则为

0)请根据上述内容完成：

（1）真值表；

A	B	C	Y
0	0	0	
0	0	1	
0	1	0	
0	1	1	
1	0	0	
1	0	1	
1	1	0	
1	1	1	

（2）根据真值表写出逻辑函数表达式,并化简成最简"与或"式。

11.如图 9-13 所示组合逻辑电路,请完成以下问题：

（1）根据逻辑电路图写出逻辑表达式,并化简为最简与或式。

（2）根据逻辑表达式列出真值表。

（3）根据真值表分析出该电路的逻辑功能。

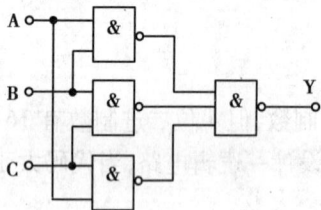

图 9-13

12.如图 9-14 所示逻辑电路。

（1）分别写出 Y_1、Y_2、Y_3、Y_4 的逻辑表达式；

（2）将 Y_4 的表达式化为最简"与或"式。

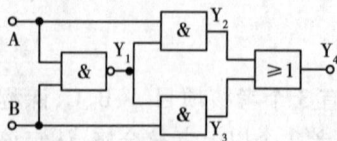

图 9-14

13.某球类比赛,设立一名主裁判 A 和两名副裁判 B、C,认定犯规结果用 Y 表示。认定犯规的规则是主裁判和至少一名副裁判同时判定犯规。(设判定/认定犯规为"1",否则为"0")请根据上述内容完成:

(1)真值表:

A	B	C	Y
0	0	0	
0	0	1	
0	1	0	
0	1	1	
1	0	0	
1	0	1	
1	1	0	
1	1	1	

(2)根据真值表写出逻辑表达式 Y;
(3)将 Y 化简为最简"与或"式。

自我检测题

一、填空题

1.组合逻辑电路的输出状态仅由_____输入端的状态决定,而与电路的_____无关,电路没有_____功能。

2.将若干位二进制数按照一定的规律排列起来,并赋予特定的含义的过程叫_____。对十进制数进行编码最常用的代码是_____码。

3.用二进制数对 8 个对象进行编码,编码器应有_____个输出端。

4.用二一十进制编码器对十进制数码 6 进行编码,其输出代码是_____。

5.译码器的输入信号可以是编码器的_____。

6._____可以直接驱动 LED 七段数码管,完成将 BCD 码转换为人能直接识别的十进制数。将 LED 的负极接在一起作为公共端的数码管属于_____型。

7.译码器输出端输出为高电平有效,译码时,有一个输出端为高电平,则其余输出端均输出_____。

8.如图 9-15 所示电路的功能是_____,当 $S_1 \sim S_3$ 未按下时,$S_1 \sim S_3$ 的右端处于_____电平。

9.如图 9-17 所示电路的功能是_____,其中 E_1、E_2 的名称是_____。

二、选择题

1.二一十进制 BCD 编码器中禁止使用的编码有( )。

A.0101 B.0111 C.1000 D.1100

2.以下不属于组合逻辑电路的是(　　)。

A.编码器 B.译码器 C.计数器 D.数值比较器

3.以下不属于组合逻辑电路的特点是(　　)。

A.有多个输入、输出端

B.信号只能从输入端到输出端

C.输出信号与输入状态和前一种输出状态有关

D.都是由逻辑门电路组成

4.以下是优先编码器的集成电路是(　　)。

A.74LS00 B.74LS148 C.74LS02 D.74LS04

5.如图 9-15 所示电路中，当按键 S_2 按下后，Y_1、Y_0 的状态是(　　)。

A.00 B.01 C.10 D.11

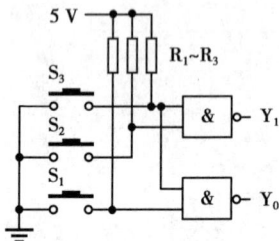

图 9-15

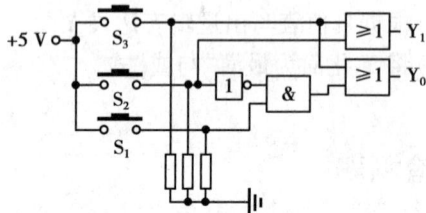

图 9-16

6.如图 9-16 所示电路中，同时按下 S_1、S_2，则 Y_1、Y_0 的状态是(　　)。

A.00 B.01 C.10 D.11

7.由分析可知，在图 9-13 中，优先级最高的按键是(　　)。

A.S_1 B.S_3 C.S_2 D.都一样

8.显示译码器 74LS48 的 BCD 码输入端的编号是 DCBA，其中 D 是 BCD 码的高位，当输入编码是 1001 时，七段数码管显示的应是(　　)。

A.9 B.6 C.8 D.7

9.如图 9-17 所示电路中，当 $E_1 = 1$，$A = B = 1$ 时，(　　)将被点亮。

A.LED_1 B.LED_2 C.LED_0 D.LED_3

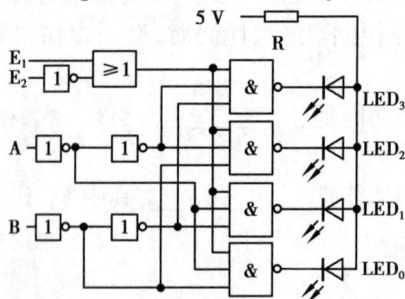

图 9-17

10.在图 9-16 中,当 LED_2 被点亮时,输入端的状态是(　　)。

　　A.$E_2 = A = 1, B = 0$　　　　　　　　　　B.$E_2 = B = 1, A = 0$

　　C.$E_1 = B = 1, A = 0$　　　　　　　　　　D.$E_1 = B = 1, A = 1$

三、判断题

1.组合逻辑电路具有多个输入输出端,也具有记忆功能。　　　　　　　　　(　　)

2.编码器可以用或门实现,也可以用与非门来实现。　　　　　　　　　　(　　)

3.由于译码是编码的逆过程,所以,只需把编码器的输入输出端对调即可实现译码功能。　　　　　　　　　　　　　　　　　　　　　　　　　　　　　　　　　(　　)

4.译码器实质上是门电路组成的"条件"开关。　　　　　　　　　　　　　(　　)

5.译码器输出的是数字。　　　　　　　　　　　　　　　　　　　　　　(　　)

6.译码器的一种代码对应唯一的一种输出。　　　　　　　　　　　　　　(　　)

7.在图 9-15 中,当 S_2 和 S_1 同时按下时,Y_1、Y_0 输出为 10。　　　　　(　　)

8.在图 9-16 中,当 S_2 和 S_1 同时按下时,Y_1、Y_0 输出为 10。　　　　　(　　)

9.LED 共阳极型七段数码管应采用低电平驱动。　　　　　　　　　　　　(　　)

10.将图 9-15 中的输出端 Y_1 接到图 9-17 的 A 端,Y_0 接到 B 端,当 $E_1 = 0$ 且按下 S_2 时,LED_2 将被点亮。　　　　　　　　　　　　　　　　　　　　　　　　(　　)

四、简答题

1.简述组合逻辑电路的分析方法。

2.简述编码和译码的概念。

五、综合题

1.分析图 9-18 所示电路的逻辑功能。

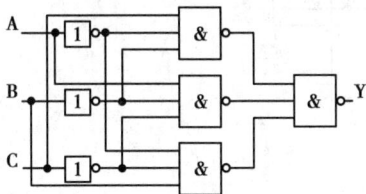

图 9-18

2.分析如图 9-19 所示电路的逻辑功能。

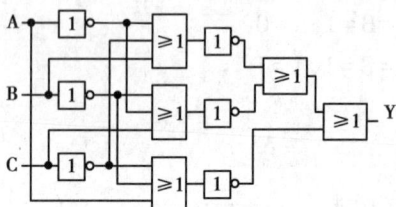

图 9-19

3.设计一个逻辑电路,该电路的输入端是 8421BCD 编码器的输出端(D、C、B、A,其中 D 是高位),要求当编码器的输入对象大于等于 6 或小于等于 9 时,本逻辑电路能输出一个高电平信号。

4.分析如图 9-20 所示的电路,指出电路的名称,写出表达式,并列出真值表。

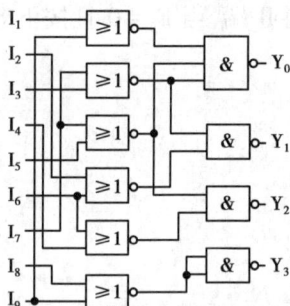

图 9-20

5.分析如图 9-21 所示的电路,指出电路的名称,写出表达式,并列出真值表。

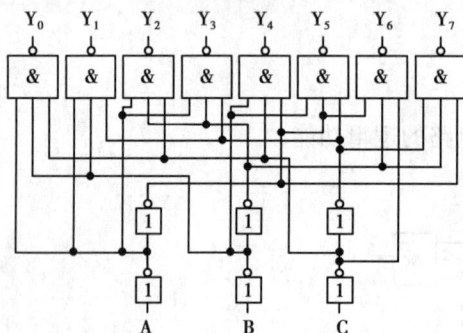

图 9-21

第十章　触发器

学习目标

(1)理解触发器的概念；

(2)了解触发器的分类；

(3)认识基本 RS 触发器、同步 RS 触发器、JK 触发器、D 触发器的电路符号；

(4)掌握基本 RS 触发器、同步 RS 触发器、JK 触发器、D 触发器的逻辑功能；

(5)能按要求绘制 RS 触发器、JK 触发器、D 触发器的波形图；

(6)了解脉冲波形的产生与变换原理。

知识要点

一、触发器基础知识

1.触发器的概念

在一定条件下具有两个稳定状态(0 或 1),在外加触发信号作用下处于一种稳定状态(即从一种稳定状态转到另一稳定状态)的逻辑电路称为触发器。触发器是能存储二进制数码的一种数字电路。

2.触发器分类

①根据逻辑功能不同,触发器可分为 RS 触发器、JK 触发器、D 触发器、T 触发器。

②根据触发方式不同,触发器可分为电平触发器、脉冲触发器、边沿触发器。

3.触发器的特点

①具有两个稳定状态,具有两个互补输出端(Q、$\overline{Q}$)。

②在外加触发信号作用下,触发器可以置"1"态或置"0"态。

③在输入信号保持不变时,具有保持原来状态的功能;在输入信号取消后,能将获得的新状态保存下来。

4.触发器的用途

触发器具有"记忆"功能,能存储一位二进制数码。

5.触发器输入输出关系的描述方法

触发器输入输出关系的描述方法有功能表、波形图(也称为时序图)。

6.触发器的现态和次态

（1）现态 Q

触发器接收输入信号之前所处的状态,即原来的稳定状态。

（2）次态 Q_{n+1}

触发器接收输入信号之后所处的状态,即新的稳定状态。

二、基本 RS 触发器

1.电路组成

由两个与非门首尾交叉相连组成,有两个输入端 $\overline{R}$、$\overline{S}$,R、S 上的非号"‾"表示负脉冲触发。有两个互补输出端 Q、$\overline{Q}$,Q 端为触发器的现态,其电路组成与逻辑符号如图 10-1 所示。

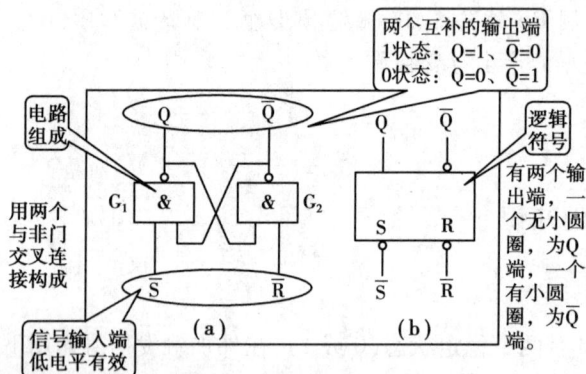

图 10-1

2.逻辑功能真值表

基本 RS 触发器的逻辑功能真值表见表 10-1。

表 10-1　基本 RS 触发器的逻辑功能真值表

$\overline{R}$	$\overline{S}$	Q_{n+1}	逻辑功能
0	0	不定	不允许
0	1	0	置0
1	0	1	置1
1	1	Q_n	保持(不变)

3.波形图

根据基本 RS 触发器的逻辑功能真值表,可画出其波形图,如图 10-2 所示。

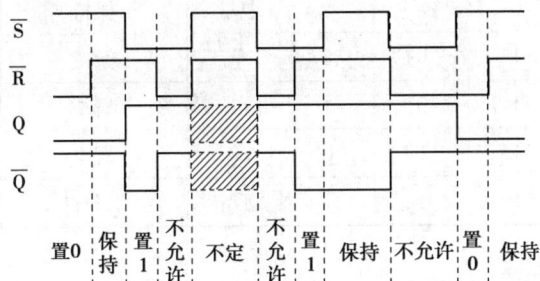

图 10-2

4.主要优缺点

(1)优点

基本 RS 触发器的电路简单,可以存储一位二进制代码,是构成各种触发器的基础。

(2)缺点

抗干扰能力差,输入端信号直接控制输出状态,无同步控制端,R、S 端不能同时为 0,即 R,S 间存在约束。

三、同步 RS 触发器

在数字系统中,如果要求某些触发器在同一时刻动作,就必须给这些触发器引入时间控制信号。时间控制信号也称同步信号,或时钟信号,或时钟脉冲,简称时钟,用 CP 表示。

CP 为固定频率的脉冲信号,一般是矩形波。

1.电路组成

在基本 RS 触发器的基础上增加了两个控制门,增加了一个控制端 CP,其电路组成与逻辑符号如图 10-3 所示。

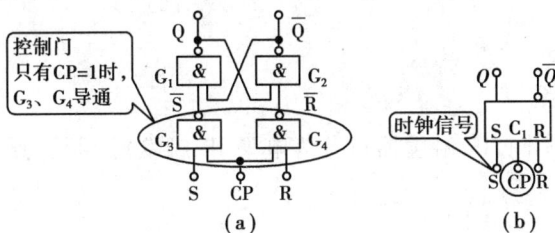

图 10-3

2.逻辑功能真值表

同步 RS 触发器的逻辑功能真值表见表 10-2。

表 10-2　同步 RS 触发器逻辑功能真值表

CP	R	S	Q_{n+1}	逻辑功能
0	×	×	Q_n	保持
1	0	0	Q_n	保持
1	0	1	1	置1
1	1	0	0	置0
1	1	1	不定	不允许

3.波形图

根据同步 RS 触发器的逻辑功能真值表可画出其波形图,如图 10-4 所示。

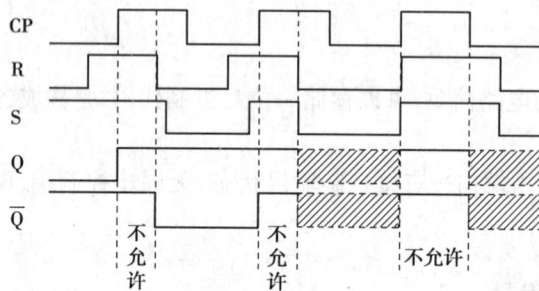

图 10-4

4.主要优缺点

(1)优点

在 CP＝0 期间不接收信号,提高了抗干扰能力,实现了同步功能。

(2)缺点

由于 CP＝1 是电平触发,在 CP＝1 期间触发器的状态可能发生空翻。R、S 端不能同时为 1,即 R、S 间存在约束。

四、JK 触发器

1.JK 触发器的类型

根据触发方式的不同,JK 触发器可分为电平 JK 触发器、主从 JK 触发器、边沿 JK 触发器等几种。

2.主从 JK 触发器

(1)电路组成

主从 JK 触发器由两个同步 RS 触发器串联构成,分别称为主触发器和从触发器,其电路结构图和逻辑符号见教材相关内容。

J 和 K 是信号输入端。时钟 CP 控制主触发器和从触发器的翻转。

（2）逻辑功能真值表

主从 JK 触发器的逻辑功能真值表见表 10-3。CP 为边沿（上边沿或下边沿）触发，此表为下降沿触发。

表 10-3　主从 JK 触发器逻辑功能真值表

CP	J	K	Q_{n+1}	逻辑功能
0 或 1 或上升沿	×	×	Q_n	保持
下降沿	0	0	Q_n	保持
下降沿	0	1	1	置 0
下降沿	1	0	0	置 1
下降沿	1	1	$\overline{Q_n}$	翻转

（3）波形图

根据逻辑功能真值表，可画出波形图，如图 10-5 所示。

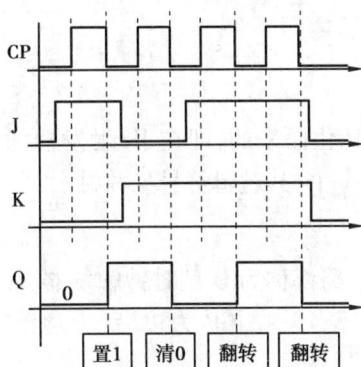

图 10-5

3.边沿 JK 触发器

（1）电路组成

在边沿 D 触发器的基础上，增加 3 个门 G1、G2、G3，把输出 Q 馈送回 G1、G3 便构成了边沿 JK 触发器，其电路结构图和逻辑符号如图 10-6 所示。

边沿 JK 触发器在 CP 脉冲的边沿（上边沿或下边沿）到来时，状态才会发生翻转。

（2）主要优点

①边沿触发。在 CP 脉冲的边沿（上边沿或下边沿）到来时，状态才会发生翻转。

②抗干扰能力强。因为只在触发沿甚短的时间内触发，其他时间输入信号对触发器不起作用，没有空翻（即多次翻转）现象，保证信号的可靠接收。

③功能齐全，使用灵活方便。具有置 1、置 0、保持、计数 4 种功能。

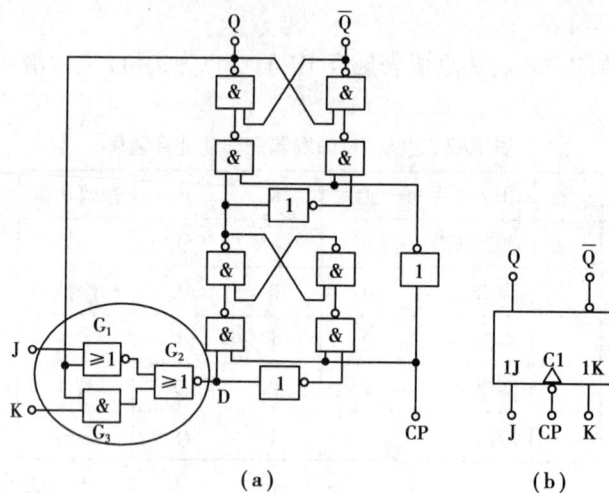

图 10-6

五、D 触发器

1.电路组成

D 触发器是由 JK 触发器转化而来的,即在 JK 触发器的 J 端前面加上一个非门后再接到 K 端构成,使输入端只有一个,其逻辑符号见教材。

2.逻辑功能真值表

凡具有置 1、置 0 功能的电路都称为 D 型时钟触发器,简称 D 型触发器或 D 触发器。D 触发器的逻辑功能真值表见表 10-4。CP 为边沿(上边沿或下边沿)触发,此表为下降沿触发。

表 10-4　D 触发器的逻辑功能真值表

CP	D	Q_{n+1}	逻辑功能
0 或 1 或上升沿	×	Q_n	保持
下降沿	0	1	置 0
下降沿	1	0	置 1

D 触发器仅有一个输入控制端、一个时钟脉冲输入端,它的输出状态仅取决于 CP 上升沿或下降沿时 D 的状态。

3.D 触发器的应用

D 触发器可作为数字信号的寄存、移位、分频和波形发生等用途,使用方便,应用广泛。

六、脉冲波形的产生与变换

1.获得脉冲波形的主要方法

利用脉冲振荡电路产生或对已有的波形进行整形、变换。

常用的脉冲波形产生与变换电路有多谐振荡器、单稳态触发器和施密特触发器。

2.脉冲波形产生电路

常用的脉冲波形产生与变换电路有多谐振荡器、单稳态触发器和施密特触发器。

（1）多谐振荡器

多谐振荡器用于产生矩形脉冲波,具有以下特点:

①不需要外加信号。

②没有稳定状态,只有两个暂稳态。

③暂稳态维持时间的长短取决于电路本身的定时元件时间常数 RC。

（2）单稳态触发器

单稳态触发器是一种脉冲整形电路,该电路多用于脉冲波形的整形、延时、定时,具有以下特点:

①有一个稳定状态和一个暂稳态;

②在外来脉冲作用下,它由稳态变成暂稳态;

③暂稳态只能维持一段时间,之后将自动返回到稳定状态。维持暂稳态的时间长短与脉冲触发信号无关,取决于电路本身的定时元件 RC 的时间常数。

（3）施密特触发器

施密特触发器是一种脉冲波形整形电路,具有以下特点:

①有两个稳定状态:第一稳态和第二稳态。

②在外加电平触发信号下可以从第一稳态翻转到第二稳态,状态的维持也需要外加信号。

③电路从第一稳态到第二稳态与从第二稳态到第一稳态所需要的出发电平不同,存在回差特性。

七、555 时基电路

555 时基电路是一种中规模集成电路,它将模拟技术和数字技术巧妙地结合在一起,可完成脉冲信号的产生、定时及整形等功能。

555 时基电路由 3 部分组成,电阻分压器和电压比较器、基本 RS 触发器、输出缓冲器和开关管。

555 时基电路内部有 3 个 5 kΩ 的精密电阻串联,外接适当元件可以组成施密特触发器、单稳态触发器、多谐振荡器。

解题示例

例 10-1　设主从 JK 触发器的原态为 0,请根据如图 10-7 所示的 CP、J、K 波形画出输出 Q 的波形。

【分析】　本题是通过作图来考查同学们对 JK 触发器逻辑功能的掌握情况。解题方法是先根据逻辑功能逐一分析 CP 脉冲上边沿或下边沿时刻,输入与输出的对应关系,然后绘制波形。

图 10-7

解:根据 JK 触发器的逻辑功能,在 a 之前 CP=0 或 1,此时 Q 保持低电平不变,在 a 时第一个下降沿到来,J=0,K=0,Q 保持低电平。

a—b,CP=0 或 1,此时 Q 保持低电平不变,在 b 时第二个下降沿到来,J=1,K=0,Q 置1,变为高电平。

b—c,CP=0 或 1,此时 Q 保持高电平不变,在 c 时第三个下降沿到来,J=0,K=0,Q 保持高电平。

c—d,CP=0 或 1,此时 Q 保持高电平不变,在 d 时第四个下降沿到来,J=1,K=1,Q 翻转(计数),变为低电平。

d—e,CP=0 或 1,此时 Q 保持低电平不变,在 e 时第五个下降沿到来,J=0,K=1,Q 置0,变为低电平。

根据上述分析,画出 Q 的波形如图 10-3 所示。

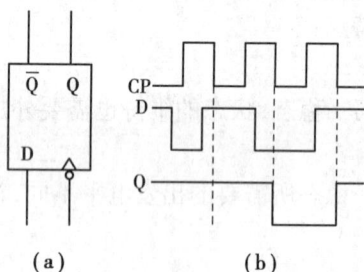

(a)　　　　(b)

图 10-8

例 10-2　根据如图 10-8(a)所示的触发器的逻辑符号,作出图(b)中 Q 端相应的输出波形(设 Q 原始状态为 1)。

【分析】　从图 10-8(a)可看出,这是一个 D 型触发器,其触发方式为下降沿触发,根据这一特点可作出输出波形图,要求必须记住 D 型触发器的逻辑功能只有置 0 和置 1 两种状态。

解:根据 D 型触发器置 1 和置 0 的逻辑功能,CP=0时,触发器保持原态;在 CP=1 时,触发器随 D 的输入信号变化而变化,可画出如图 10-8(b)所示 Q 的波形。

课堂练习题

一、填空题

1.触发器是数字电路中的一种基本单元电路,它具有＿＿＿＿＿＿种稳定状态,分别用二进制数码＿＿＿＿＿＿和＿＿＿＿＿＿表示。

2.触发器在触发信号作用下,电路的状态会发生＿＿＿＿＿＿＿＿＿＿,触发信号消失后电路状态＿＿＿＿＿＿＿＿＿＿。

3.基本 RS 触发器由＿＿＿＿＿＿＿＿＿＿与非门首尾交叉相连而组成。

4.通常规定触发器的＿＿＿＿＿＿＿＿＿＿端的状态为触发器的现态。

5.规定触发器 Q 端输出＿＿＿＿＿＿＿电平,$\overline{Q}$ 端输出＿＿＿＿＿＿＿电平的状态称为触发器的 0 态。

6.触发器处于置 1 状态时,＿＿＿＿＿＿＿端输出低电平,＿＿＿＿＿＿＿端输出高电平。

7.与非门基本 RS 触发器当 $\overline{R}=1,\overline{S}=0$ 时,触发器处于＿＿＿＿＿＿＿状态,因此 $\overline{S}$ 端称为＿＿＿＿＿＿＿端。

8.同步 RS 触发器当 $CP=0,R=1,S=0$ 时,触发器处于＿＿＿＿＿＿＿状态;当 $CP=0,R=0,S=1$ 时,触发器处于＿＿＿＿＿＿＿状态。

9.当 $CP=0$ 时,同步 RS 触发器的控制门＿＿＿＿＿＿＿＿＿＿,触发器维持＿＿＿＿＿＿＿＿＿＿状态。

10.当 $CP=1$ 时,同步 RS 触发器的控制门＿＿＿＿＿＿＿＿＿＿,输出状态由＿＿＿＿＿＿＿＿＿＿端决定。

11.主从 JK 触发器具有＿＿＿＿＿＿＿、＿＿＿＿＿＿＿、＿＿＿＿＿＿＿、＿＿＿＿＿＿＿功能。

12.D 触发器具有＿＿＿＿＿＿＿＿＿＿和＿＿＿＿＿＿＿＿＿＿功能。

13.单稳态触发器的输出有一个＿＿＿＿＿＿＿＿＿＿状态和一个＿＿＿＿＿＿＿＿＿＿状态。

二、判断题

1.触发器在正常工作时 Q 和 $\overline{Q}$ 的逻辑关系是互补的。 （　　）

2.所有触发器在有触发信号作用时都要翻转。 （　　）

3.触发器是双稳态电路。 （　　）

4.在触发器的逻辑符号中,用小圆圈表示反相。 （　　）

5.同步 RS 触发器只有在 CP 信号到来后,才依据 R、S 信号的变化改变输出状态。

（　　）

6.JK 触发器在 $J=1,K=1$ 时其输出状态不定。 （　　）

7.D 触发器具有计数、置 0、置 1 的功能。 （　　）

8.多谐振荡器输出信号为正弦波。 （　　）

9.施密特触发器电路状态的翻转不依赖外加触发信号来维持。 （　　）

10.单稳态触发器的建立及维持时间是依赖外加触发信号来进行的。 （　　）

11.边沿 D 触发器,当 $\overline{S}_D=1,\overline{R}_D=1,D=1$ 时,在时钟脉冲 CP 上升沿作用后,触发器的输出 Q 将置 0。 （　　）

12.当基本 RS 触发器的 $\overline{S}_D=0,\overline{R}_D=1$ 时,该触发器的输出状态为 1。 （　　）

三、选择题

1.触发器的基本性质是具有记忆功能,即能存储二进制数码的位数是(　　)。

A.1　　　　　　　　B.2　　　　　　　　C.3　　　　　　　　D.4

2.触发器在一定的信号作用下,可以转换状态,它具有的稳态个数是(　　)。

A.1　　　　　　　　B.2　　　　　　　　C.3　　　　　　　　D.4

3.$\overline{R} \cdot \overline{S}$ 表示触发器(　　)电平触发。

A.高　　　　　　　B.低　　　　　　　C.高低均可　　　　　D.都不是

4.RS 触发器的 $\overline{S}$ 称为(　　)。

A.置1端　　　　　B.置0端　　　　　　C.异步置0端　　　　D.异步置1端

5.同步 RS 触发器不具备(　　)逻辑功能。

A.置1端　　　　　B.置0端　　　　　　C.保持　　　　　　　D. 计数

6.JK 触发器当 CP = 1,J = 1,K = 0,在 CP 脉冲的下降沿到来时,其状态为(　　)。

A.置1端　　　　　B.置0端　　　　　　C.保持　　　　　　　D.计数

7.关于 JK 触发器,下列说法正确的是(　　)。

A.JK 触发器在 CP 作用下,可能出现两次翻转

B.不论输入状态如何,输出状态都不会出现不稳定的状态

C.可能出现不稳定状态

D.不受 CP 脉冲的控制而任意翻转

8.D 触发器不具备的逻辑功能是(　　)。

A.置1端　　　　　B.置0端　　　　　　C.克服空翻　　　　　D. 计数

9.电路一通电其输出端能自动产生矩形波的是(　　)。

A.多谐振荡器　　　　　　　　　　　B.单稳态触发器

C.施密特触发器　　　　　　　　　　D.双稳态触发器

10.单稳态触发器有(　　)。

A.一个稳态,一个暂稳态　　　　　　B.两个稳态

C.两个暂稳态　　　　　　　　　　　D.无稳态

11.如图 10-9 所示的边沿 JK 触发器,当 $\overline{S}_D = 1$,$\overline{R}_D = 1$,J = 1,K = 1 时,在始终脉冲 CP 下降沿作用后,触发器的输出 Q 端将(　　)。

A.置0　　　　　　B.置1　　　　　　　C.状态发生翻转　　　D.处于保持状态

12.时钟脉冲 CP 下降沿触发的主从 JK 触发器,若要使输出功能为"保持",则输入信号 J、K 的条件是(　　)。

A.J = 0,K = 0　　B.J = 0,K = 1　　　C.J = 1,K = 0　　　D.J = 1,K = 1

13.如图 10-10 所示为基本 RS 触发器,当输入端 R = 0、S = 1 时,该触发器的状态为(　　)。

A.置0　　　　　　B.置0　　　　　　　C.不定　　　　　　　D.保持

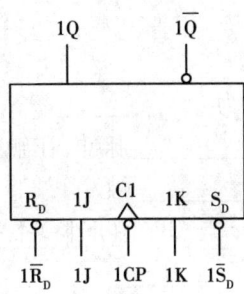

图 10-9

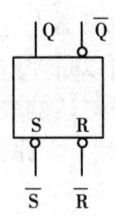

图 10-10

四、作图题

1.如图 10-11 所示基本 RS 触发器的原态为 0 和输入端 $\overline{R} \cdot \overline{S}$ 的信号波形,请画出 Q 端的信号波形。

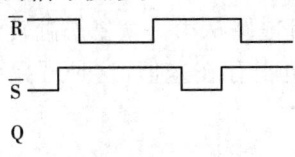

图 10-11

2.如图 10-12 所示为 D 触发器的输入波形,请作出 Q 的波形。（Q 的初态为 0）

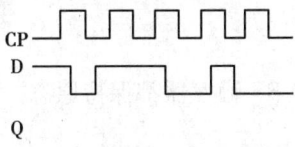

图 10-12

五、问答题

1.触发器电路和组合逻辑电路的主要区别是什么?

2.触发器的空翻是指什么?

自我检测题

一、填空题

1.触发器按电路结构的不同可分为＿＿＿＿＿＿、＿＿＿＿＿＿、＿＿＿＿＿＿和

_____等触发器。

2.同步 RS 触发器由 4 个_____门电路组成。

3.翻转就是触发器_____的过程,外加信号称为_____。

4.触发脉冲可以是_____脉冲,也可以是_____脉冲,在触发器的输入端 R、S 上加有非号"ˉ"的表示_____触发,即_____触发。

5.主从 JK 触发器原态为 0,CP = 1,J = 1,K = 0,当 CP 的下降沿来时,状态为_____。

6.主从 JK 触发器不但消除了同步 RS 触发器的_____现象,而且解决了 RS 触发器的_____问题。

7.D 触发器属于_____型触发器。

8.D 触发器在脉冲作用后,触发器状态与 D 的状态_____。

9.多谐振荡器电路没有_____态,电路不停地在两个_____态之间翻转。

10.施密特触发器的特点是具有_____个稳态,而且电路从第一个稳态翻转到第二个稳态,再从第二稳态回到第一稳态,两次所需的触发电平存在差值,这种现象称为_____。

二、判断题

1.触发器由组合逻辑电路构成,因此不具备记忆功能。   (   )

2.通常规定触发器的输出端 Q 的状态为触发器的状态。   (   )

3.不论触发器原来是什么状态,当 CP = 1,R = S = 0 时,同步 RS 触发器都保持原态。   (   )

4.同步 RS 触发器的状态是在 CP 脉冲的上升沿变化的。   (   )

5.JK 触发器在 J = 1,K = 0,CP = 1 期间,触发器状态为 1。   (   )

6.D 触发器不但具有保持功能,而且还具有计数功能。   (   )

7.JK 触发器可以转换成 D、T 触发器。   (   )

8.D 触发器的工作触发过程是一步完成的。   (   )

9.多谐振荡器具有两个稳态,电路在两个稳态之间翻转。   (   )

10.施密特触发器电路输出信号的幅度与输入信号的幅度有关。   (   )

三、选择题

1.触发器正常工作时两个输出端 Q 和 $\overline{Q}$ 总是(   )。

   A.相同   B.互补   C.不变   D.不定状态

2.不能避免空翻现象的触发器有(   )。

   A.主从 RS 触发器   B.D 触发器   C.同步 RS 触发器   D.T 触发器

3.如图 10-13 所示电路,原态为 0,CP 信号作用后 Q 为(　　)。

A.1

B.0

C.不定

D. 以上都不对

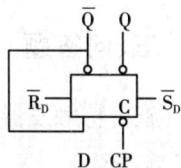

图 10-13

4.基本 RS 触发器不允许的状态是(　　)。

A.$\bar{R}=1,\bar{S}=1$　　　B.$\bar{R}=0,\bar{S}=0$　　　C.$\bar{R}=1,\bar{S}=0$　　　D.$\bar{R}=0,\bar{S}=1$

5.基本 RS 触发器具有(　　)的功能。

A.置 0,置 1　　　B.置 0,置 1,计数　　　C. 置 0,置 1,保持　　　D.置 0,计数,保持

6.JK 触发器当 J=K=0 时,触发器被封锁,在 CP 脉冲到来后触发器(　　)。

A.翻转一次　　　　　　　　　　　　　B.在 CP 脉冲的前沿翻转

C.在 CP 脉冲的前沿翻转　　　　　　　D.保持原态

7.D 触发器具有的功能有(　　)。

A.置 0,计数　　　B.保持,计数　　　C.置 0,置 1　　　D.置 1,计数

8.具有整形、定时和延时功能的是(　　)。

A.多谐振荡器　　　B.单稳态触发器　　　C.施密特触发器　　　D.双稳态触发器

9.只能产生矩形波功能的是(　　)。

A.多谐振荡器　　　　　　　　　　　B.单稳态触发器

C.施密特触发器　　　　　　　　　　D.微分型单稳态触发器

10.多谐振荡器有(　　)。

A.两个稳态　　　　　　　　　　　　B.两个暂稳态

C.一个稳态,一个暂稳态　　　　　　　D.多个稳态

四、作图题

1.如图 10-14 所示为 JK 触发器的 CP、J、K 波形,试画出 Q 的波形图。(原态为 0)

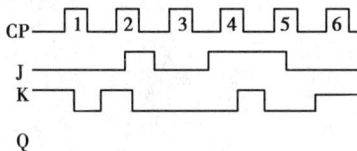

图 10-14

2.画出基本 RS 触发器的逻辑图和逻辑符号。

五、问答题

·施密特触发器的特点是什么？它有哪些用途？

六、分析题

触发器初态为 0，输入端 A、B、CP 的信号波形如图 10-15 所示。

①在 CP 作用下，输入 A、B 与输出 Q 的真值表及逻辑关系。

②画出输出 Q 的波形图，设原态为 0。

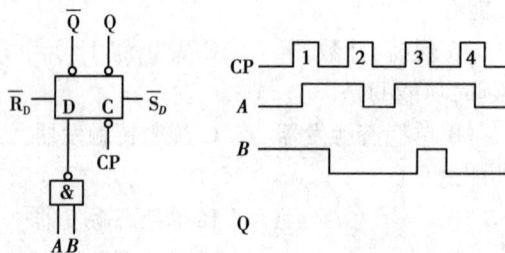

图 10-15

第十一章　时序逻辑电路与数模和模数转换

学习目标

(1)了解时序逻辑电路的组成及其与组合逻辑电路的区别；

(2)了解寄存器、计数器的基本构成；

(3)知道寄存器、计数器的基本功能和常见类型；

(4)了解典型集成移位寄存器和计数器的应用；

(5)了解 D/A 和 A/D 转换的概念及工作原理；

(6)了解 D/A 和 A/D 转换的应用方法；

(7)了解典型集成 D/A 和 A/D 转换电路的型号及引脚功能。

知识要点

一、时序逻辑电路简介

1.时序逻辑电路的组成

时序逻辑电路是指任一时刻的输出信号不仅取决于当时的输入信号,而且还取决于电路原来的状态,即与电路经历的时间顺序有关。

时序逻辑电路由组合逻辑电路和触发器构成,如图 11-1 所示,其特点如下：

①电路的输出与输入间至少有一条反馈路径；

②含有记忆性的元件(触发器)；

③电路的输出不仅与同一时刻的输入状态有关,还取决于原有的历史状态；

④电路具有记忆功能。

图 11-1

2.时序逻辑电路的分类

①按时钟控制方式,时序逻辑电路可分为同步时序电路和异步时序电路。

在同步时序电路中存储元件状态变化都是在同一时钟信号控制下同时发生的,异步时序电路中存储元件状态变化不是同时的,它可能需要时钟信号控制,也可能不需要时钟信号控制。同步时序电路比异步时序电路的速度要快。

②按逻辑功能,时序逻辑电路可分为计数器、寄存器、读/写存储器、顺序脉冲发生器等。

二、常用时序逻辑电路

1.寄存器

①寄存器由触发器和门电路组成。

②寄存器具有接收数据、存放数据、输出数据等功能。一个触发器可以存储一位二进制代码,如要存放 N 位二进制数码则需用 N 个触发器。寄存器一般不对存储内容进行处理。

③寄存器存放数码和读出数码数据的方式有并行和串行两种。

④寄存器按功能分为基本(数码)寄存器和移位寄存器。

移位寄存器不仅有存放数码的功能,而且有移位传送的功能。所谓移位,就是每当来一个移位正脉冲,触发器的状态便向右或向左移一位。根据移位方向不同,可以分为左移寄存器、右移寄存器和双向移位寄存器。根据移位数据的输入—输出方式不同组合,移位寄存器可以分为串行输入—串行输出、串行输入—并行输出、并行输入—串行输出、并行输入—并行输出。

基本寄存器只有并行输入—并行输出。

2.计数器

(1)计数器的概念

计数器是一个用以实现计数功能的时序部件,它不仅可用来记录脉冲数,还常用做数字系统的定时、分频、执行数字运算等逻辑功能。

(2)计数器的分类

按计数的进制不同,可分为二进制计数器、十进制计数器、N 进制计数器。

按计数时各触发状态转换与计数脉冲是否同步,可分为异步计数器和同步计数器。

按计数过程中计数数值的增减情况,分为加法计数器和减法计数器。

三、数模和模数转换

1.数模转换

数模转换是将数字信号转换成模拟信号(D/A),实现数模转换的电路叫 D/A 转换器(DAC)。

D/A 转换器一般由寄存器、模拟开关、电阻译码网络、参考电源组成。

2.模数转换

模数转换是将模拟信号转换成数字信号(A/D)。实现模数转换电路叫 A/D 转换器(ADC)。

一般 A/D 转换过程是通过取样、保持、量化、编码这 4 个过程完成。

解题示例

例 11-1　试指出图 11-2 所示电路的功能，设图中所有触发器的初态为 0。

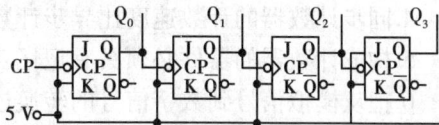

图 11-2

【分析】　在图 11-2 电路中，采用 4 个 JK 触发器，且将 J、K 端均接高电平，此时所有触发器均在本级 CP 脉冲的作用下翻转。

解：作出图 11-2 电路的输出波形如图 11-3 所示，当电路经过 16 个 CP 脉冲后，所有触发器的输出状态全部为 0，可以看出这是一个 4 位二进制计数器或 16 分频器。

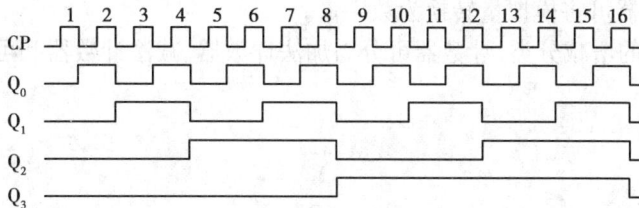

图 11-3

课堂练习题

一、填空题

1.移位寄存器除了具有存放数码的功能外还具有_____功能。

2.移位寄存器根据移位方向不同可以分为_____、_____、_____。

3.要寄存八位数据信号，需要_____个触发器。

4.能以二进制数码形式存放数或指令的部件称为_____。

5.用来累计和寄存输入脉冲数目的部件是_____。

6.计数器按计数的进制不同可以分为_____、_____、_____。

7.计数器按计数过程中计数器的数值增减不同分为_____、_____、_____。

8.将_____信号到_____信号的转换过程称为 D/A 转换，并把实现_____转换的电路称为数/模转换器，简称_____。

9.D/A 转换器由_____、_____、_____、_____组成。

10.A/D 转换器是将_____的模拟信号转换成_____的一种电路。

11.时序逻辑电路由_____和_____组成。

12.构成寄存器、计数器的基本单元电路是_____。

二、判断题

1.计数器、寄存器通常由门电路构成。　　　　　　　　　　（　　　）

2.移位寄存器只能串行输出。　　　　　　　　　　　　　　（　　　）

3.数码寄存器的工作方式是并入、并出。　　　　　　　　　　（　　）

4.同步计数器的计数速度比异步计数器速度快。　　　　　　　（　　）

5.构成计数器的器件必须具有记忆功能。　　　　　　　　　　（　　）

6.把从模拟信号到数字信号的转换过程称为 DAC 转换。　　　（　　）

7.把从数字信号到模拟信号的转换过程称为 ADC 转换。　　　（　　）

8.A/D 是将连续变化的模拟信号转换成数字信号的一种电路。（　　）

9.在 A/D 转换时一般要经过取样、保持、量化、编码 4 步完成。（　　）

10.D/A 转换器的任务是将数码信息转化成模拟量。　　　　　（　　）

11.时序电路只由组合逻辑电路组成。　　　　　　　　　　　（　　）

12.D/A 转换器可将模拟量转换为数字量。　　　　　　　　　（　　）

13.按计数值的增减分类,计数器可分为加法计数器、减法计数器和可逆计数器。

　　　　　　　　　　　　　　　　　　　　　　　　　　　（　　）

三、选择题

1.寄存器主要由触发器和（　　　）组成。

    A.计数器　　　　　　B.门电路　　　　　　C.触发器　　　　　　D.二极管

2.同步计数器与异步计数器的主要区别是（　　　）。

    A.工作速度　　　　　　　　　　　　B.计数脉冲的作用方式

    C.各触发器的翻转次序　　　　　　　D.计数脉冲的工作方式

3.构成计数器的基本单元是（　　　）。

    A.计数器　　　　　　B.与非门　　　　　　C.或非门　　　　　　D.触发器

4.下列说法正确的是（　　　）。

    A.门电路不具备记忆功能　　　　　　B.触发器不具备记忆功能

    C.计数器不具备记忆功能　　　　　　D.加法器不具备记忆功能

5.把从模拟信号到数字信号的转换器称为（　　　）。

    A.ADC　　　　　　B.DAC　　　　　　C.都不是

6.把从数字信号到模拟信号的转换过程称为（　　　）。

    A.A/D　　　　　　B.DAC　　　　　　C.ADC　　　　　　D.D/A

7.一般的 A/D 转换过程是通过（　　　）完成。

    A.取样、保持、量化　　　　　　　　B.取样、保持、编码

    C.取样、保持、量化、编码　　　　　D.取样、量化、编码

四、问答题

1.时序逻辑电路与组合逻辑电路有什么不同?

2.简述寄存器的含义及其分类。

3.简述同步计数器和异步计数器的区别。

4.简述模数转换的方法。

模拟考试题一

（时间 90 分钟，满分 100 分）

一、填空题（每空 1 分，共 30 分）

1. 硅材料二极管的死区电压是_____V，导通电压是_____V。测得一只二极管的正极电位为 -2 V，负极电位为 -2.7 V，这只二极管的状态是_____。

2. 整流电路可以把正弦交流电流变换为_____电流。

3. 晶体三极管按照内部 PN 结排列不同，可以分为_____和_____，发射极电流流出三极管的是_____型。

4. 在选用三极管时，主要应考虑_____、_____和_____这 3 个极限参数。

5. 三极管的电流放大原理是_____。

6. 在三极管放大器的三种组态中，既有较强电压放大能力，又有较强的电流放大能力的是_____，只有电流放大能力，没有电压放大能力的是_____。

7. 分压式偏置电路与固定偏置电路相比，最大的优点是能_____。

8. 当一级放大器的放大倍数不满足电路的要求时，应采用_____。

9. 为改善放大电路的动态性能，应引入_____反馈。

10. 集成运算放大器的内部是采用多级_____耦合的放大器，这种放大器最大的缺点是会产生严重_____现象，所以集成运放的输入级一定要用_____放大器。

11. 集成运放引入_____可以构成比例运算放大器；集成运放处于_____状态可以构成电压比较器。

12. 集成运算放大器最大的特点是可以放大_____信号，功率放大器最大的特点是输出信号具有较强的_____，调谐放大器最大的特点是对输入信号具有_____。

13. 直流稳压电源按调整工作的状态可以为_____稳压电源和_____稳压电源两大类，效率较高的_____稳压电源。

14. 编码器属于_____逻辑电路，寄存器属于_____逻辑电路，具备记忆功能的是_____逻辑电路。

二、选择题（每题 2 分，共 20 分）

1. 图 1 中，变压器 T 的变压比 $n = 10$，计算出电路中 R_L 两端的电压是（　　　）。

A. 26.4 V　　　　　　B. 19.8 V　　　　　　C. 30.8 V　　　　　　D. 9.9 V

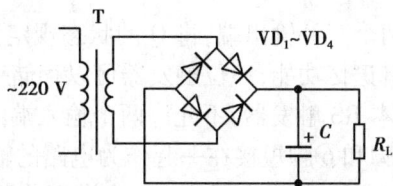

图 1

2.在图 2 中工作于放大状态的三极管是(　　　)。

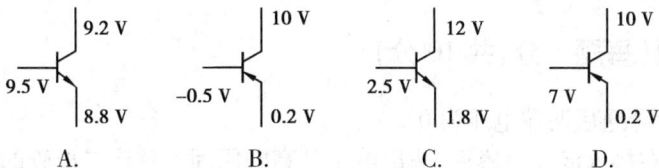

　　　A.　　　　　　　B.　　　　　　　C.　　　　　　　D.

图 2

3.以下有关反相比例运算放大器的说法,错误的是(　　　)。

　　A.反相比例运算放大器输入输出信号的相位相反

　　B.反相比例运算放大器的信号由反相端输入

　　C.反相比例运算放大器的电压放大倍数与运放本身参数无关,只与 R_1、R_f 的比例相关

　　D.反相比例运算放大器中 R_1 开路后,可以构成电压跟随器

4.关于 OTL、OCL 功率放大器,下列说法错误的是(　　　)。

　　A.OTL 采用单电流供电,OCL 采用正负双电源供电

　　B.OTL 的低频特性比 OCL 更好

　　C.OTL 电路中输出耦合电容还可以为一只功放三极管供电

　　D.OTL 的中点电压为 $E_c/2$,OCL 的中点电压为 0 V

5.以下属于低频正弦波振荡器的是(　　　)。

　　A.变压器反馈式振荡器　　　　　　　　B.RC 串并联振荡器

　　C.电容三点式振荡器　　　　　　　　　D.石英晶体振荡器

6.波形图 3 所示的逻辑功能是(　　　)。

　　A.有 1 出 0,全 0 出 1

　　B.有 0 出 0,全 1 出 1

　　C.有 1 出 1,全 0 出 0

　　D.有 0 出 1,全 1 出 0

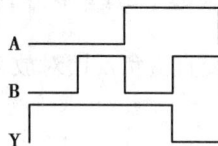

图 3

7.下列逻辑函数式变换,错误的是(　　　)。

　　A.$\overline{A+B} = \overline{A} \cdot \overline{B}$　　　　　　　　　　B.$\overline{A}+AB = A+B$

　　C.$A+C+1+D+BA = 1$　　　　　　　D.$\overline{AB+\overline{AB}} = AB+\overline{A}\ \overline{B}$

8.下列有关基本 RS 触发器的说法,错误的是(　　　)。

　　A.基本 RS 触发器可由两个与非门首尾交叉相连构成

B.基本 RS 触发器有两个互补输出端,将 $\overline{Q}$ 的状态规定为触发器的状态

C.基本 RS 触发器具有记忆功能,一位触发器可以存储一位二进制数

D.由与非门构成的基本 RS 触发器,不允许两个输入端同时为 0

9.将 555 集成电路的②脚和⑥脚短接在一起作为电路的输入端,这将构成(　　)。

　　A.单稳态触发器　　　B.施密特触发器　　　C.多谐振荡器　　　D.三角波发生器

10.移位寄存器是由多个(　　)构成。

　　A.D 触发器　　　　B.基本 RS 触发器　　　C.T 触发器　　　　D.同步 RS 触发器

三、判断题(每题 1 分,共 10 分)

1.1N4148 的导通后两端电压为 0.2 V。　　　　　　　　　　　　　　　　　　　(　　)

2.整流电路在接入滤波电容后,输出电压升高的原因是整流二极管的导通时间延长。

(　　)

3.对两只三极管的 β 进行比较时,同等条件下,指针偏转角度越大的,β 值将越大。

(　　)

4.共集电极电路的输入电阻很大、输出电阻很小,原因是电路引入电压串联负反馈。

(　　)

5.基本 RS 触发器有一种无效状态,而 JK 触发器的则没有无效状态。　　　　(　　)

6.由于集成运放的输入电阻∞,而输入电压为有限值,所以运放才有虚断现象。

(　　)

7.按照功放三极管静态工作点的高低来分,有甲类、乙类、甲乙类。其中甲类的失真最小,但效率最低;乙类的失真最大,效率最高。甲乙类兼两者之所长,所以应用最广泛。

(　　)

8.由于开关型稳压电源的效率高,所以三端稳压器 7805 应用十分广泛。　　(　　)

9.单向晶闸管一旦触发导通后,即使触发电压去掉后,仍会保持导通状态。　(　　)

10.$(10)_D=(1010)_B$,$(16)_H=(10000)_B$。　　　　　　　　　　　　　(　　)

四、简答题(每题 4 分,共 12 分)

1.简述交直流负反馈对放大器的具体影响。

2.简述正弦波振荡的组成和产生振荡的条件。

3.简述集成运放的理想参数。

五、作图题(第 1 题 3 分,第 2 题 5 分,共 8 分)

1.试将图 4 中的元件正确连接,要求输出+5 V 电压。

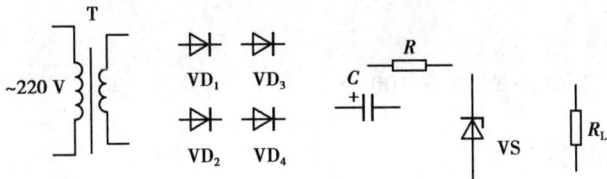

图 4

2.请作出能满足 $u_o = (3u_1 + 4u_2)$ 的电路,R_f 取 120 kΩ。

六、计算题(共 20 分)

1.电路如图 5 所示,三极管的 $\beta = 200$,$U_{BEQ} = 0.7$ V 计算电路的静态工作点、电压放大倍数、输入输出电阻。

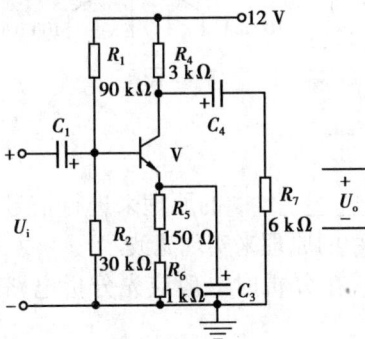

图 5

2.指出如图 6 所示电路中各级放大器的名称,计算各级放大器的电压放大倍数和输出电压 U_o。

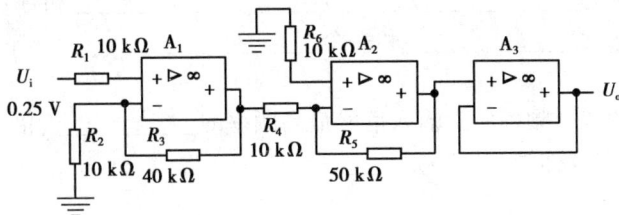

图 6

模拟考试题二

(时间 90 分钟,满分 100 分)

一、填空题(每空 1 分,共 30 分)

1.温度每上升一度,半导体三极管的发射结电压将下降_____ mV。这是因为半导体具有_____特性。

2.在用指针式万用表电阻挡检测二极管的正向电阻时,不同的挡位测出的阻值_____,这是因为万用表各电阻挡的输出电压与输出电流不同所致,这也说明二极管是_____元件。

3.整流全桥堆内部由_____只二极管构成,一个共_____半桥和一个共_____半桥可组成一个整流全桥。

4.如图 1 所示,该三极管的类型是_____型,电流放大倍数 $\beta =$ _____。

5.反馈信号的大小与输出电压成正比,属于_____负反馈,它可稳定输出电压,减小输出电阻,_____带负载能力。

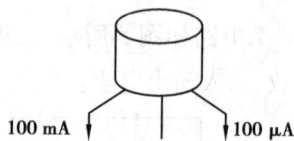

图 1

6.常用的互补对称功率放大器有_____和_____。

7.放大电路中的输入、输出电容主要是利用电容_____的原理来进行信号的耦合;电容滤波电路的电容主要是利用电容_____的原理来实现滤波。

8.放大电路是一个_____信号共存的电路,在分析时一般应先分析电路的_____通路,再分析_____通路。

9.共模抑制比越大,电路对_____信号的抑制能力就越强,所以一般要求共模抑制比越大越好,理想集成运放的共模抑制比为_____。

10.与门的逻辑功能是_____,逻辑表达式是_____。

11.JK 触发器的 4 种状态分别是_____、_____、_____和置 0。

12.单稳态电路的两个状态是一个_____和一个_____。

13.微分电路的特点是_____。

14.根据取样定理,取样电路的取样频率应为输入信号最高频率的_____倍。

15.用低频信号去控制载波的幅度称为_____。

二、选择题(每题 2 分,共 20 分)

1.国际标准规定调频广播的频率范围为(   )。

A.87~108 MHz   B.535~1 605 kHz   C.1.8~26.1 MHz   D.150~540 kHz

2.以下不是石英晶体振荡器的优点的是(   )。

    A.振荡频率高   B.精度高

    C.稳定度高   D.振荡频率调节很方便

3.在 LC 并联回路中,当 $f<f_0$ 时,电路对外呈(   )。

    A.容性   B.感性   C.阻性   D.非线性

4.在图 2 中,能正确构成复合管的是(   )。

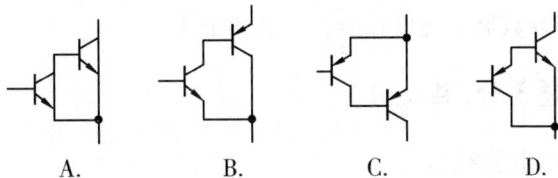

    A.   B.   C.   D.

图 2

5.信号从集成运放的两端同时输入,这种电路称为(   )。

    A.电压跟随器   B.反相比例运放   C.加法器   D.减法器

6.同相比例运放的反馈类型是(   )。

    A.电压并联负反馈   B.电压串联负反馈

    C.电流并联负反馈   D.电流串联负反馈

7.在基本放大电路中,若输出波形出现饱和失真,可以采取(   )来进行解决。

    A.减小 R_b B.增大 R_b C.增大 R_c D.增大耦合电容

8.以下关于电容滤波的说法,错误的是(   )。

    A.滤波电容与负载并联

    B.引入滤波电容的目的是让输出电压变得平滑

    C.输出电压的值将提高

    D.滤波电容一般由容量较小的构成

9.以下不属于 RS 触发器的工作状态的是(   )。

    A.置 1   B.置 0   C.保持   D.翻转

10.若要用 JK 触发器来构成计数器,则应让 J 和 K 等于(   )。

    A.J = K = 0   B.J = K = 1   C.J = 0,K = 1   D.J = 1,K = 0

三、判断题(每题 1 分,共 10 分)

1.测得电路中一只二极管的正极电位为 2 V,负极电位为 0.3 V,可以判断这只二极管处于深度导通状态。   (   )

2.放大电路一般应引入负反馈,正弦波振荡器一般引入正反馈。   (   )

3.开关稳压电源的效率比线性稳压电源高,但开关电源的干扰比线性稳压电源高。
                                                            (   )

4.双调谐放大器是利用原边回路的串联谐振和副边回路的并联谐振来实现选频。
                                                            (   )

5.两只稳压二极管的稳压值分别是 5 V、3 V,若将两只稳压管并联,则稳压值是 5 V。
（　　）

6.硅三极管的发射结电压为 0.7 V 时,三极管一定工作于放大状态。　（　　）

7.施密特触发器两次翻转的电压值是不一样的。　（　　）

8.正弦波振荡器是一种能量转换装置,它靠消耗直流电能产生交流信号。　（　　）

9.寄存器的控制 $\overline{R_D}=0$ 时,内部所有触发器的输出均为 1。　（　　）

10.同步计数器是将计数脉冲同时加到所有触发器的 CP 端,使具备翻转条件的所有触发器同时翻转,同步计数器的速度比异步计数器更快。　（　　）

四、简答题(每题 3 分,共 9 分)

1.简述对功率放大器的要求。

2.简述分析逻辑电路的方法。

3.怎样用万用表测试二极管的正负极?

五、分析作图题(共 11 分)

1.作出基本差动放大器电路图,并分析差动放大器抑制共模信号的原理。(7 分)

2.作出如图 3 所示触发器的输出波形。(4 分)

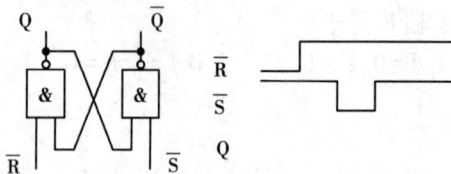

图 3

六、计算题(共 20 分)

1.化简：$Y = ABC + \overline{A}\,\overline{BC} + AB\overline{C} + \overline{A}\,\overline{B}C$。(3 分)

2.设计一组合逻辑电路,当 3 个输入端只有两个为 0 时,输出信号灯点亮。(7 分)

3.电路如图 4 所示,测得电路中三极管的 $U_{ce} = 6$ V,$U_{BEQ} = 0.7$ V。求:画出电路的交流通路和直流通路;计算出电路的静态工作点和 R_c 的阻值;计算出电路输出电压 U_o 和电流放大倍数;计算出电路的输入输出电阻。(10 分)

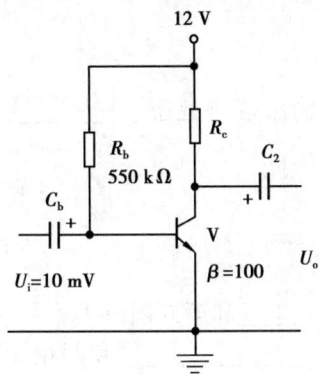

图 4

模拟考试题三

(时间90分钟,满分100分)

一、填空题(每空1分,共30分)

1.石英晶体振荡器是利用石英晶体的_____效应制成的一种谐振器件。

2.一般的模/数转换过程是_____、保持、_____和编码4个步骤完成的。

3.555集成电路名字的由来是因为内部有3个_____串联构成的分压器。

4.计数器可分为加计数器、减计数器和_____计数器。

5.欲存放4位二进制数,需要_____个触发器。

6.触发器处于1态时,Q = _____,$\bar{Q}$ = _____。

7.JK触发器的J = K = 0时,当CP脉冲下降沿到来后,输出端将处于_____状态。

8.$(32)_D = ($ _____ $)_B = ($ _____ $)_H$。

9.异或门的逻辑功能是_____。

10.频率为1 kHz的方波脉冲宽度是_____ ms。

11.双向晶闸管的3个引脚分别是_____、_____和第二阳极T_2。

12.把低频信号调制到载波上的方式有3种:_____、_____和调相。

13.正弦波振荡器由放大器、_____和_____组成。

14.开关稳压电源中开关三极管工作于_____和_____状态,线性稳压电源中调整管工作于_____状态。

15.单调谐放大器是利用LC回路的_____特性来实现选频的。

16.场效应管按结构的不同可分为_____型和_____型,其中_____型的输入阻抗更高。

17.收音机接收到信号强度为50 μV,功放输出的声音强度为5 V,问这台收音机的总电压放大倍数是_____倍,用增益表式为_____ dB。

18.放大器的静态工作点设置过高容易发生_____失真,设置过低容易发生_____失真。

二、选择题(每题2分,共20分)

1.如图1所示,555集成电路的接法属于( )。

A.单稳态触发器　　B.施密特触发器　　C.多谐振荡器　　D.双稳态触发器

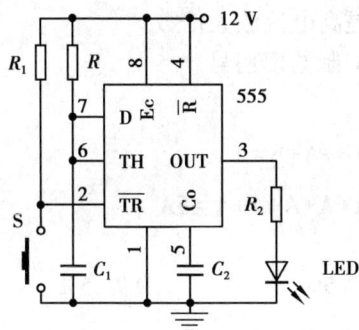

图1

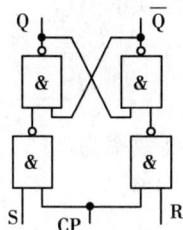

图2

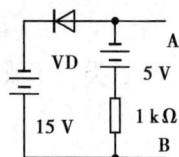

图3

2.以下集成电路中是 JK 触发器的是(　　)。

　　A.NE555　　　　　　B.NE5532　　　　　　C.74LS112　　　　　　D.ADC0809

3.如图 2 所示,当 CP = 1,R = 0,S = 1 时,Q 与 $\overline{Q}$ 的状态是(　　)。

　　A.Q = 1,$\overline{Q}$ = 0　　　　B.Q = 0,$\overline{Q}$ = 1　　　　C.保持　　　　D.Q = $\overline{Q}$ = 1

4.如图 3 所示,输出电压 U_{AB} 是(　　)。

　　A.15 V　　　　　　B.5 V　　　　　　C.−15 V　　　　　　D−5 V

5.如图 4 所示,能正常放大信号的电路是(　　)。

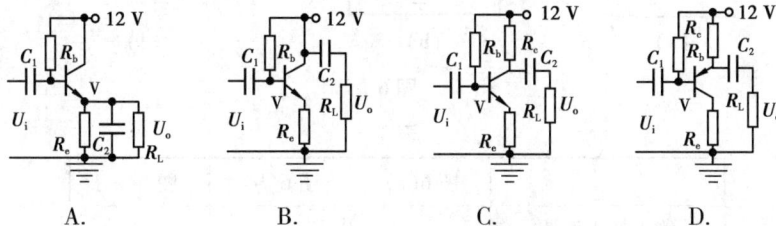

图4

6.如图 5 所示是一个串入并出的移位寄存器,设 D 触发器的初态为 0,串行端输入数据是 1101(低位在前,高位在后),当经过 3 个 CP 脉冲后,输出端 Q_3、Q_2、Q_1、Q_0 的状态是(　　)。

　　A.1011　　　　　　B.0101　　　　　　C.1110　　　　　　D.1000

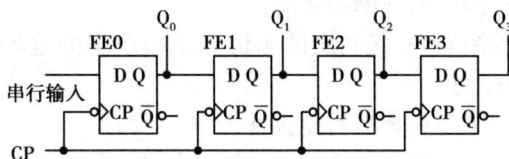

图5

7.电感三点式 LC 振荡电路与电容三点式 LC 振荡器相比较,其优点是(　　)。

　　A.输出波形较好　　　　　　　　　　　B.输出波形幅度较大

　　C.起振容易　　　　　　　　　　　　　D.更适用于频率高的场合

8.差动放大器比普通放大器多用一只三极管,其主要目的是(　　)。

A.提高电压放大倍数　　　　　　　　B.提高电流放大倍数

C.抑制差模信号　　　　　　　　　　D.抑制共模信号

9.下列逻辑函数式变换,错误的是(　　　)。

A.$A+BC=(A+B)(A+C)$　　　　　　B.$\overline{AB}+A+B=1$

C.$A+\overline{A}B=A+B$　　　　　　　　D.$A+A+A+A=5A$

10.乙类功率放大器的最高效率为(　　　)。

A.37.5%　　　　　B.50%　　　　　C.62.5%　　　　　D.78.5%

三、判断题(第 2 至 6 题每题 1 分,共 15 分)

1.判断如图 6 所示各电路能否产生振荡,若不能产生振荡,请指出错误原因,并进行改正,将结果填入表 1 中。(10 分)

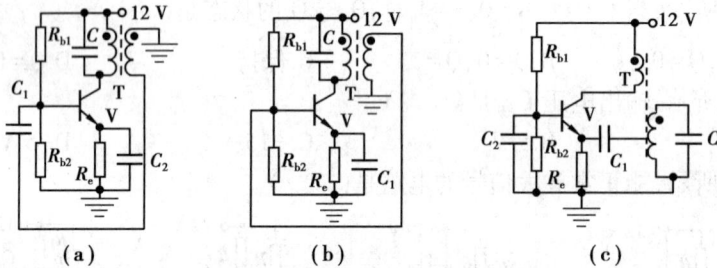

(a)　　　　　　　　**(b)**　　　　　　　　**(c)**

图 6

表 1

	图 6(a)	图 6(b)	图 6(c)
能否产生振荡			
不能产生振荡的原因			
改正措施			

2.乙类功放产生的交越失真是属于放大器的饱和失真。　　　　　　　　　　(　　)

3.单级晶体管放大器都能实现倒相功能。　　　　　　　　　　　　　　　　(　　)

4.场效应管是电压控制器件,它利用栅源极电压所产生的电场效应改变导电沟的宽窄,从而控制漏极电流的大小。　　　　　　　　　　　　　　　　　　　　　(　　)

5.74LS00 的电源电压在 5～18 V 均能正常工作。　　　　　　　　　　　　(　　)

6.两只单向晶闸管反向并联可以等效为一只双向晶闸管。　　　　　　　　(　　)

四、简答题(每题 5 分,共 10 分)

1.简述单向晶闸管从导通到关断的条件。

2.三极管为什么能作为开关使用？若作为开关使用,应工作于什么状态。

五、分析作图题(每题 5 分,共 10 分)

1.作出超外差式收音机的组成方框图。

2.画出图 7 中 D 端的波形和输出波形,设触发器的初态为 0。

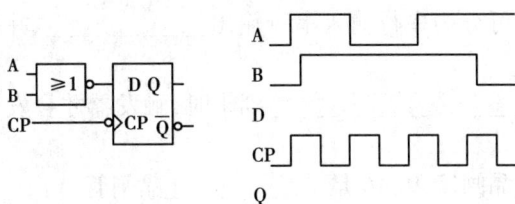

图 7

六、计算题(共 15 分)

1.化简:$Y = \overline{A}\,\overline{B}\,\overline{C} + \overline{A}\,B\,C + \overline{A}\,B\,\overline{C} + A\,\overline{B}\,\overline{C} + A\,\overline{B}\,C$。(4 分)

2.计算如图 8 所示电路中 R_3 的阻值。(5 分)

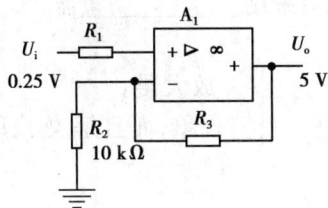

图 8

3.写出图 9 所示电路的最简逻辑表达式和逻辑功能真值表。(6 分)

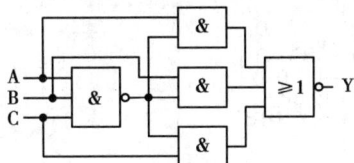

图 9

模拟考试题四

(时间90分钟,满分100分)

一、填空题(每空1分,共30分)

1.将数字信号转换为模拟信号的过程称为_____。

2.寄存器按输入输出信号的方式不同,可分为串行输入串行输出_____、并行输入并行输出和_____。

3.边沿触发器是在CP脉冲的_____或_____到来时,触发器才会发生翻转,其优点是克服了_____现象。

4.PCR406、MCR100-6是_____晶闸管,97A6是_____晶闸管。

5.调宽式开关稳压电源,当开关三极管导通时间越长,输出电压的值将越_____。

6.LED工作于_____区,稳压二极管工作于_____区,变容二极管工作于_____区。

7.某三极管的极限参数 $I_{CM} = 20$ mA、$P_{CM} = 100$ mW、$U_{CEO} = 20$ V。当工作电压 $U_{CE} = 10$ V时,工作电流 I_C 不得超过_____ mA;当工作电压 $U_{CE} = 1$ V时,I_C 不得超过_____ mA;当工作电流 $I_C = 2$ mA 时,U_{CE} 不得超过_____ V。

8.差分电路的两个输入端电压分别为 $u_{i1} = 2.00$ V,$u_{i2} = 1.98$ V,则该电路的差模输入电压 u_{id} 为_____ V。

9.若将一个正弦波电压信号转换成同一频率的矩形波,应采用_____器。

10.LM7805的输出电压是_____ V。

11.反相加法器实际上是一个_____输入的_____放大器。

12.主从JK触发器不但消除了同步RS触发器的_____现象,而且解决了RS触发器的_____问题。

13.基本逻辑门电路有_____、_____和非门。

14.要使可控硅关断,应让阳极电流_____维持电流。

15.如图1所示,电路的名称是_____。

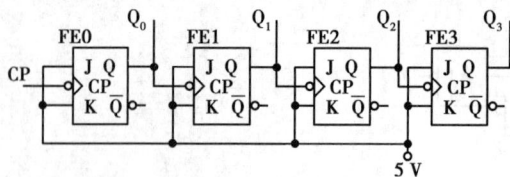

图1

16.微分电路的作用是把矩形脉冲变换为_____,积分电路的作用是把矩形脉冲变成_____。

17.对一个放大器来说,一般希望其输入电阻_____一些,以减轻信号源的负担,输出电阻_____一些,以增大带负载的能力。

二、选择题(每题 2 分,共 20 分)

1.放大电路如图2所示,已知硅三极管的$\beta=50$,则该电路中三极管的工作( )。

A.截止   B.饱和   C.放大   D.无法确定

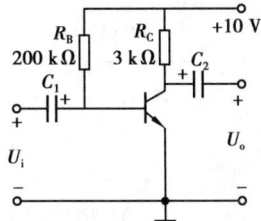

图2

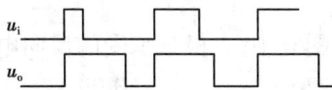

图3

2.已知 $Y=A\overline{B}+B+\overline{A}B$,下列结果中正确的是( )。

A.$Y=A$ B.$Y=B$ C.$Y=A+B$ D.$Y=\overline{A}+\overline{B}$

3.某电路的输入波形 U_i 和输出波形 U_o 如图3所示,则该电路为( )。

A.施密特触发器   B.反相器   C.单稳态触发器   D.JK 触发器

4.电路如图3所示,设所有JK触发器的初态为0,当经过 5 个 CP 脉冲后,输出端 Q_3、Q_2、Q_1、Q_0 的状态是( )。

A.0110   B.0100   C.0101   D.0111

5.同相比例运算放大器的放大倍数( )。

A.大于等于1   B.恒等于1   C.小于1   D.小于0

6.多谐振荡器的特点是( )。

A.两个稳态   B.无稳态

C.一个稳态   D.一个稳态,一个暂稳态

7.如图4所示,当S按下后,LED被点亮的时间长短由( )来决定。

A.R_1、C_1 B.R_2、C_1 C.R_1、C_2 D.R_2、C_2

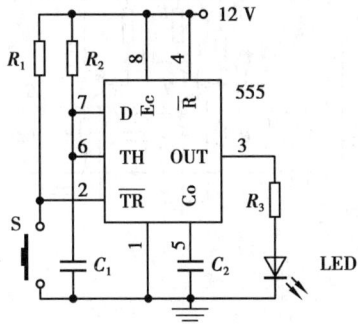

图4

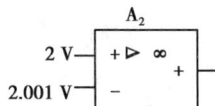

图5

8.在图5中输出电压应为(　　　)。

A.$+U_{OPP}$　　　　B.$-U_{OPP}$　　　　C.$+E_C/2$　　　　D.0 V

9.表1所示的逻辑表达式是(　　　)。

A.$Y = A+B$　　　B.$Y = AB$　　　C.$Y = A$　　　D.$Y = B$

表1　真值表

A	B	Y
0	0	0
0	1	1
1	0	0
1	1	1

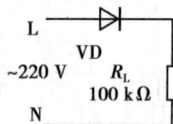

图6

10.在图6中,二极管承受的反向电压至少应大于(　　　)。

A.220 V　　　　B.99 V　　　　C.311 V　　　　D.264 V

三、判断题(第1至6题每题1分,共15分)

1.CMOS集成门电路多余的输入端不能悬空,所以对与门、与非门、或门应将多余的输入端接高电平,对应或非门应将多余的输入端接低电平。(　　　)

2.与三极管放大电路相比,场效应管放大电路具有输入电阻很高、噪声低、热稳定性好等优点。(　　　)

3.负反馈可以消除放大电路输入信号引起的失真。(　　　)

4.在电路参数相同的情况下,当变压器次级电压的有效值为U_2时,半波整流电路中二极管承受的反向峰值电压为$\sqrt{2}U_2$,而桥式整流电路中,每半周有两只二极管工作,电路中二极管承受的反向峰值电压为$\sqrt{2}/2 \cdot U_2$。(　　　)

5.当输出端短路时,反馈信号立即消失的是电流反馈。(　　　)

6.超外差式调幅收音机的中频是465 kHz。(　　　)

7.在如图7(a)、(b)所示电路中,判断电路能不能产生振荡,若不能产生振荡,请指出错误原因,并进行改正,将结果填入表2中。(6分)

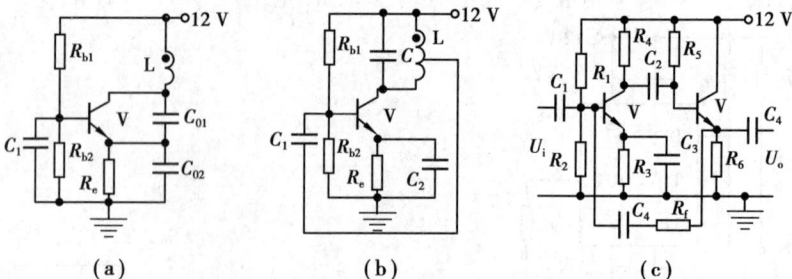

(a)　　　　　　(b)　　　　　　(c)

图7

表 2

	图 7(a)	图 16-7(b)
能否产生振荡		
不能产生振荡的原因		
改正措施		

8.在如图 7(c)所示电路中 R_f 的反馈类型是＿＿＿＿＿＿＿＿＿＿。(3分)

四、简答题(每题 5 分,共 10 分)

1.什么叫差模信号? 什么叫共模信号?

2.复合管的优缺点分别是什么? 怎样才能解决这些缺点?

五、分析作图题(每题 5 分,共 10 分)

1.画出串联稳压电源的组成方框图。

2.画出如图 8 所示的输出波形 Q,设触发器的初态为 0。

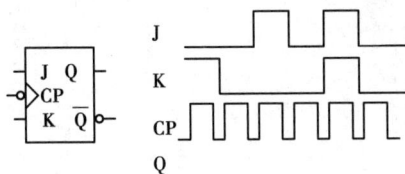

图 8

六、计算题(第1题5分,第2题10分,共15分)

1.如图9所示,求输出电压 U_o。

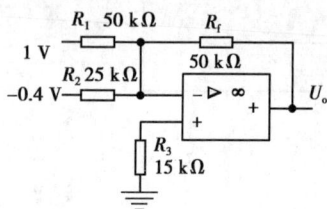

图9

2.电路如图10所示,请回答:①若中点电压 $U_A>1/2E_C$,应调节哪些元件? 如何调节? 并说明调节原理。②中点电压调节过程属于什么反馈类型。③C_2、R_4 的作用是什么? ④C_3 的作用是什么? ⑤计算电路的最大输出功率。

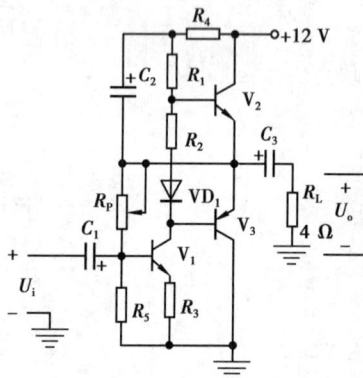

图10

模拟考试题五

（时间 90 分钟，满分 100 分）

一、填空题（每空 1 分，共 30 分）

1.二极管由于管芯结构的不同，可以分为_____、_____和平面型 3 种，其中允许通过电流最小且主要用于高频电路的是_____型。

2.从三极管的输出特性曲线可以看出，三极管工作于放大状态后，集电极电流的大小只与_____电流相关，而与_____电压无关。

3.构成放大电路的条件：一个完整的放大电路必须具有三极管，同时还须满足_____条件和_____条件。

4.固定偏置放大电路的工作稳定性较差，在实际使用中，为了能够稳定静态工作点，一般采用_____电路。

5.短路放大电路的输出端，反馈信号也消失，说明这种反馈是_____反馈。

6.数字集成电路按组成的元器件不同，可分为_____和_____两大类，其中常用的 74 系列属于_____，40 系列属于_____。

7.编码是用一串有规律的_____来表示特定的对象。

8.当输入信号消失后，触发器将保持信号消失前的状态，这就是触发器的_____功能。

9.555 时基电路内部一般由_____、_____、_____和放电三极管及缓冲器等组成。

10.所谓"互补"功率放大器，就是利用_____型管和_____型管交替工作来实现放大。

11.理想集成运放工作在线性区的两个特点：①$u_p = u_n$，这一特性称为_____；②$i_p = i_n = 0$，净输入电流为零，这一特性称为_____。

12.数字电路按照是否具备记忆功能可以分为_____和_____。

13.由与非门构成的基本 RS 触发器，当 R = 0，S = 1 时，Q =_____。

14.JK 触发器当 J = K = 1 时，若 CP 是频率为 1 kHz 的方波，则 Q 端输出的波形是_____，输出频率是_____Hz。

15.与非门的逻辑表达式是_____。

16.RC 串并联正弦波振荡器放大器的电压放大倍数 $A_u \geqslant$_____。

17.并联型石英晶体振荡器工作时，石英晶体处于_____区域。

二、选择题(每题 2 分,共 20 分)

1.关于三极管内部结构,下列说法错误的是( )。

 A.发射区的掺杂浓度很高,远高于基区和集电区,目的是增强载流子发射能力

 B.基区很薄,有利于发射区注入基区的载流子顺利越过基区到达集电区

 C.集电区面积很大,有利于增强载流子的接收能力

 D.发射区和集电区为同类型的掺杂半导体,C、E 极只有在特殊情况下才能对调使用

2.两只硅稳压管的稳压值分别为 8 V 和 6 V,将它们串联使用时,可获得的稳压值可能是( )。

 A.14 V,7.3 V,5.3 V,1.4 V   B.14 V,8.3 V,6.3 V,1.4 V

 C.14 V,8.3 V,6.3 V,0.6 V   D.14 V,8.7 V,6.7 V,1.4 V

3.具有放大环节的串联型稳压电路中,调整管工作在( )。

 A.截止区   B.饱和区   C.放大区   D.开关区

4.影响差动放大器抑制零漂能力的主要因素是( )。

 A.电源电压   B.温度变化

 C.电路的对称性   D.三极管的放大倍数

5.正弦波振荡器的振荡频率 f 取决于( )。

 A.反馈强度   B.反馈元件的参数

 C.放大器的放大倍数   D.选频网络的参数

6.优先编码器同时有两个信号输入时,是按( )的输入信号编码。

 A.高电平   B.低电平

 C.优先级高的一个   D.输入频率较高的一个

7.表达式 $Y = ABC + AB + CD + EF + AEF + ACE + 1$,化简后的 $Y = ($)。

 A.AB+EF   B.AB+CD   C.1   D.A

8.功放电路的作用是向负载提供( ),因此要求功放电路不但要输出尽可能大的电压,而且要输出尽可能大的电流。

 A.尽可能大的不失真信号功率   B.直流功率

 C.电源输出功率   D.晶体管的最大耗损功率

9.在下列逻辑电路中,不是组合逻辑电路的有( )。

 A.译码器   B.寄存器   C.编码器   D.全加器

10.同步 RS 触发器的"空翻"现象是指( )。

 A.在时间脉冲 CP=1 期间,触发器的输出状态会随输入信号的变化而多次翻转

 B.输出状态多次翻转

 C.输出状态无法保持而多次变化

 D.输出状态在 CP=0 时,触发器的输出状态会随输入信号的变化而多次翻转

三、判断题(每题1分,共10分)

1.发光二极管工作正向偏置状态,光电二极管工作于反向偏置状态,只要把光电二极管改为正向偏置就能向外发出可见光。   (   )

2.桥式整流电容滤波电路的输出电压与电容器的容量没有关系,只要接上滤波电容输出电压就能达到$1.2U_2$。   (   )

3.三极管在电路中连接方式有3种:共基极、共发射极和共集电极。由于有这几种接法的不同,三极管的实际电流方向将随这几种接法的改变而变化。   (   )

4.P_{CM}大于等于1 W的三极管是大功率三极管。   (   )

5.从集成运放的符号可知,运放有两个输入端和一个输出端,所以在进行实验时,只要正确连接这3个端就可以正常工作。   (   )

6.由3只开关串联起来控制一只电灯时,电灯的亮与不亮同3个开关的闭合或断开之间的对应关系属于或逻辑关系。   (   )

7.同步时序逻辑电路的所有触发器均由同一个时钟脉冲控制。   (   )

8.JK触发器当$J=K=1$时,触发器的输出状态会在CP脉冲的作用下不断翻转。   (   )

9.LM317的输出电压是17 V。   (   )

10.电容三点式LC振荡器比电感三点式LC振荡器输出波形更好。   (   )

四、简答题(每题5分,共10分)

1.试分析如图1所示电路的稳压原理。

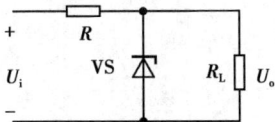

图1

2.简述如图2所示电路稳定静态工作点的原理。

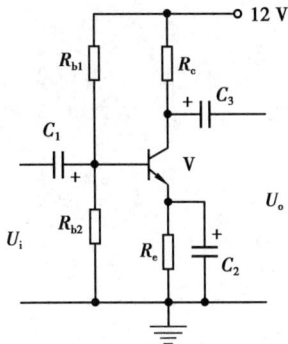

图2

五、分析作图题(每题 5 分,共 10 分)

1.正确连接如图 3 所示的电路,LED 作为+5 V 电源指示灯。

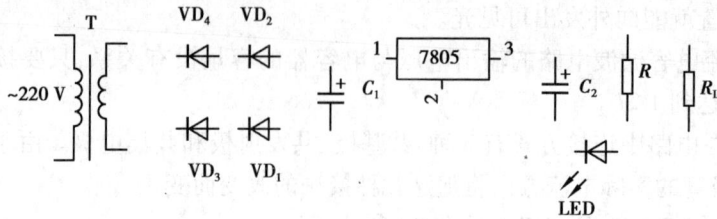

图 3

2.画出如图 4 所示电路的输出波形 Q_0、Q_1、Q_2。

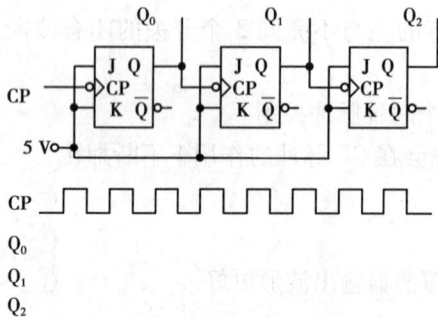

图 4

六、计算题(每题 5 分,共 20 分)

1.计算如图 5 所示电路的输出电压 U_o。

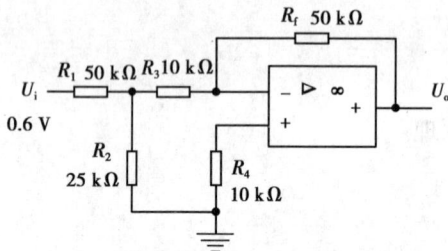

图 5

2.分析如图 6 所示电路的逻辑功能。

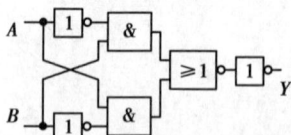

图 6

3.电路如图 7 所示,测得 LED 两端电压为 2 V,流过电流为 10 mA,请计算变压器输出电压 U_2。

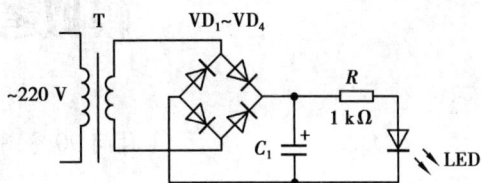

图 7

4.电路如图 8 所示,测得 R_e 两端电压为 2 V,β 为 200,$U_{BEQ}=0.7$ V。请你计算出电路的静态工作点和 R_{b2} 的值,电压放大倍数 A_u。

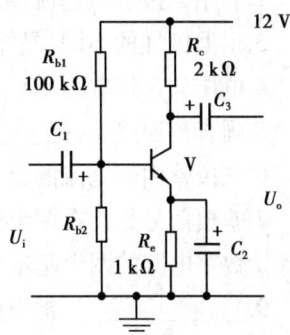

图 8

模拟考试题六

(时间 90 分钟,满分 100 分)

一、填空题(每小题 1.5 分,共 45 分)

1.常见的二极管单相整流电路有_____。

2.利用二极管做整流器件是因为二极管具有_____特性。

3.根据极性的不同,晶体三极管可分为_____型两大类。

4.电压放大倍数为 100,增益为_____dB。

5.画直流通路时,把_____视为开路,其他不变。

6.三极管内部电流的分配关系是_____。(写出关系式)

7.差模信号是指在两个输入端加上幅度相等,极性_____的信号。

8.数字电路的两个基本的数码为_____。

9._____是指当放大电路输入信号为零时,由于受温度变化,电源电压不稳等因素的影响,使静态工作点发生变化,并被逐级放大和传输,导致电路性能输出端电压偏离原固定值而上下漂动的现象。

10.十进制数 8 的 8421BCD 码为_____。

11. 组合逻辑电路在任何时刻电路输出信号的状态,仅仅取决于输入信号,而与信号作用前电路的_____无关。

12.编码器的功能是把输入的每个高低电平变成对应的_____。

13.寄存器具有_____功能。(写出两个及两个以上)

14.$Y = AD + \overline{AD} + AB + \overline{AC} + BD$ 化简后的最简式为_____。

15. 二进制数 11010111 转化为十进制数是_____。

二、判断题(每题 2 分,共 20 分)

1.桥式整流电路中,若一只二极管接反可能会损坏变压器和二极管。 ( )

2.电容滤波电路会使输出电压变平滑,同时输出电压的平均值也得以提高。 ( )

3.实现同一逻辑功能,可以用不同的逻辑函数式。 ( )

4.OTL、OCT 功率放大器都工作在甲类状态,BTL 功率放大 $\frac{2}{n}$ 工作在乙类状态。
( )

5.根据反馈在输出端的取样点不同,可分为电流反馈和并联反馈。 ( )

6.某三极管处于放大状态,各电极对地电位如图1所示,有同学判定该三极管为 NPN 型锗管,①为 c,②为 b,③为 e。 （　　）

7.组合逻辑电路和时序逻辑电路一样,具有记忆功能。
（　　）

8.如果信号从发射极注入,从集电极输出,基极成为输入、输出信号的公共端,这种电路称为共基极电路。 （　　）

9."虚短"是指集成运放的两个输入电位总是无限接近,但又不是真正短路的特点。 （　　）

10.运放的中间级是一个高放大倍数的放大器,常由多级共发射极放大电路组成。
（　　）

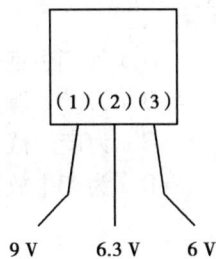

图1

9 V　　6.3 V　　6 V

三、选择题(每题 2 分,共 20 分)

1.工作在反向截止区的是(　　)。

　A.稳压二极管　　　B.发光二极管　　　C.光电二极管　　　D.以上都不是

2.双管互补对称乙类功率放大电路的理想最大功率是(　　)。

　A.30%　　　　　B.60%　　　　　C.78.5%　　　　　D.100%

3.集成运放的输入级,一般采用的电路是(　　)。

　A.振荡电路　　　B.选频放大电路　　　C.差动放大电路　　　D.功率放大电路

4.下列定律中属于分配律的是(　　)。

　A.$A(A+B)=A$

　C.$A+B \cdot C=(A+B)(A+C)$

　B.$A+AB=A$

　D.$A+A=A$

5.某 OTL 互补对称功放电路,电源电压 $E_c=16$ V,负载阻抗 $R_L=8$ Ω,其输出功率为(　　)。

　A.8 W　　　　　B.4 W　　　　　C.3.2 W　　　　　D.2.4 W

6.放大器引入负反馈后,放大器的频带(　　)。

　A.不变　　　　　B.变宽　　　　　C.变窄　　　　　D.不能确定

7.要使单相半波整流电容滤波电路输出电压为 20 V,则变压器的次级电压应为(　　)。

　A.20 V　　　　　B.24 V　　　　　C.10 V　　　　　D.9 V

8.要使振荡电路起振,必须满足(　　)。

　A.相位平衡条件

　B.相位平衡和幅度平衡两个条件

　C.幅度平衡条件

　D.相位平衡条件比幅度平衡条件更重要

9.三端固定式集成稳压器 LM7812 的标准输出电压是(　　)。

　A.±12 V　　　　B.−12 V　　　　C.+12 V　　　　D.3~12 V

10.放大器的静态工作点设置不合适,其输出波形就会产生失真,如图2所示的输出波形（　　）。

A.a 为产生饱和失真的电压波形，b 为产生截止失真的电压波形

B.a 为产生谐波失真的电压波形，b 为产生放大失真的电压波形

C.a 为产生截止失真的电压波形，b 为产生饱和失真的电压波形

D.a 为产生放大失真的电压波形，b 为产生谐波失真的电压波形

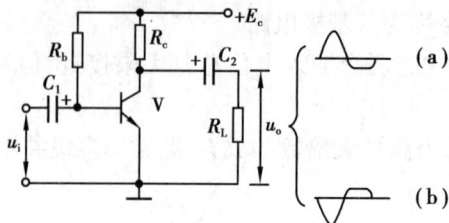

图 2

四、综合题（第 1 题 6 分，第 2 题 9 分，共 15 分）

1.请在下表中填写如图 2 所示电路中元件的名称及作用。

元　件	名　称	作　用
V		
R_c		
C_2		

2.一火灾报警系统，设有烟感、温感和紫外光感 3 种类型的火灾探测器。为了防止误报警，只有当其中有两种或两种以上类型的探测器发出火灾检测信号时，报警系统才发出报警控制信号。请设计一个产生报警控制信号的电路。